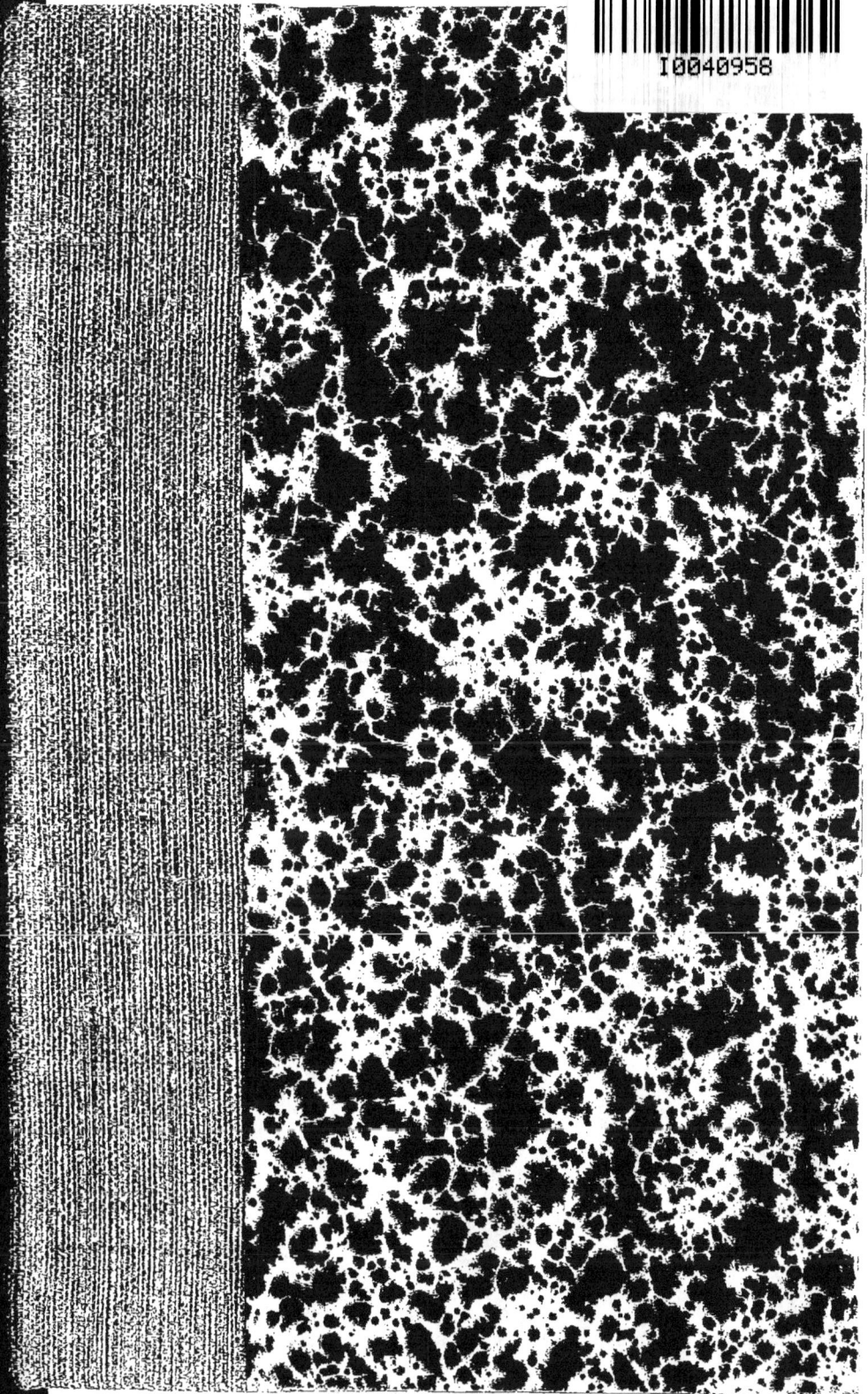

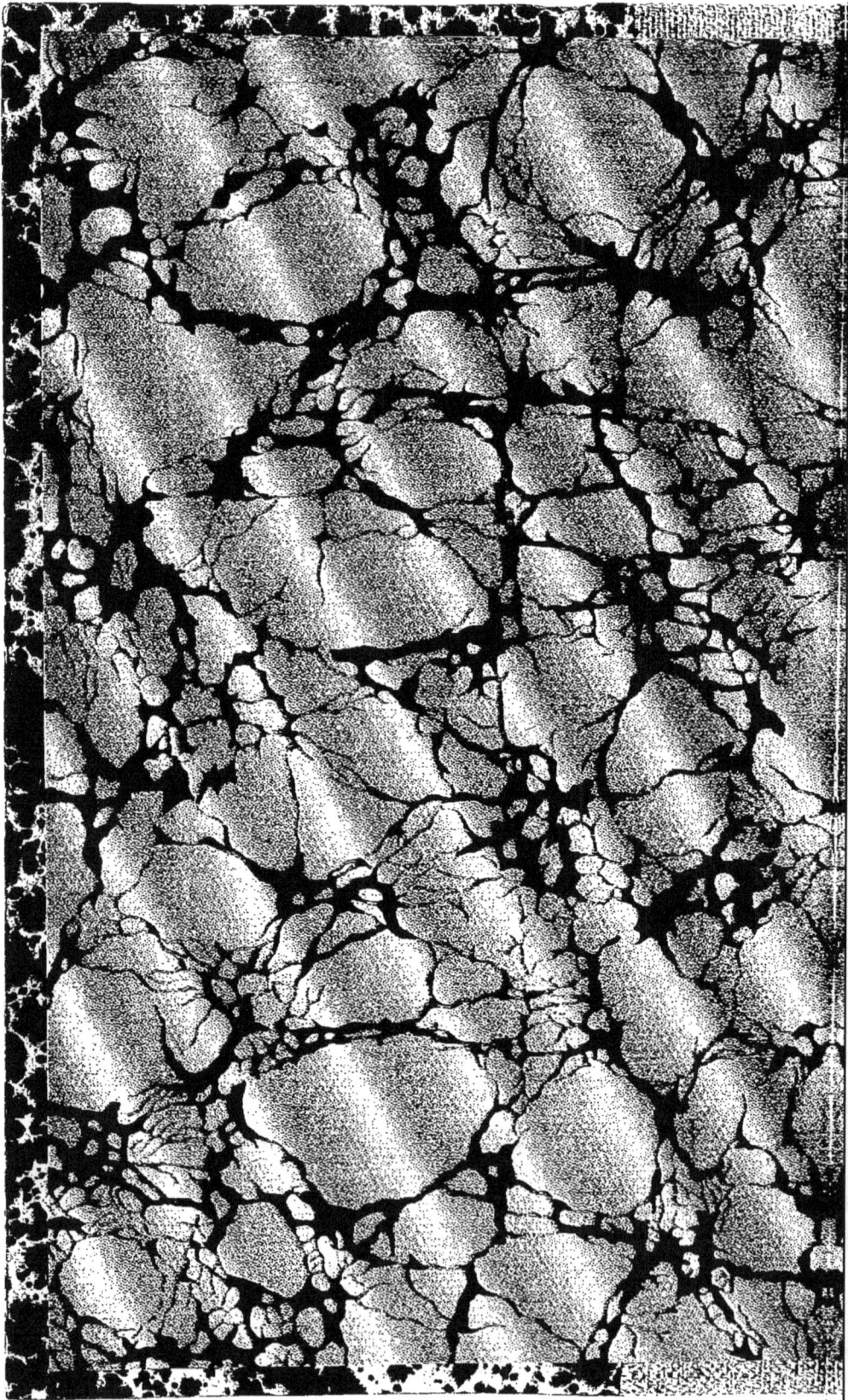

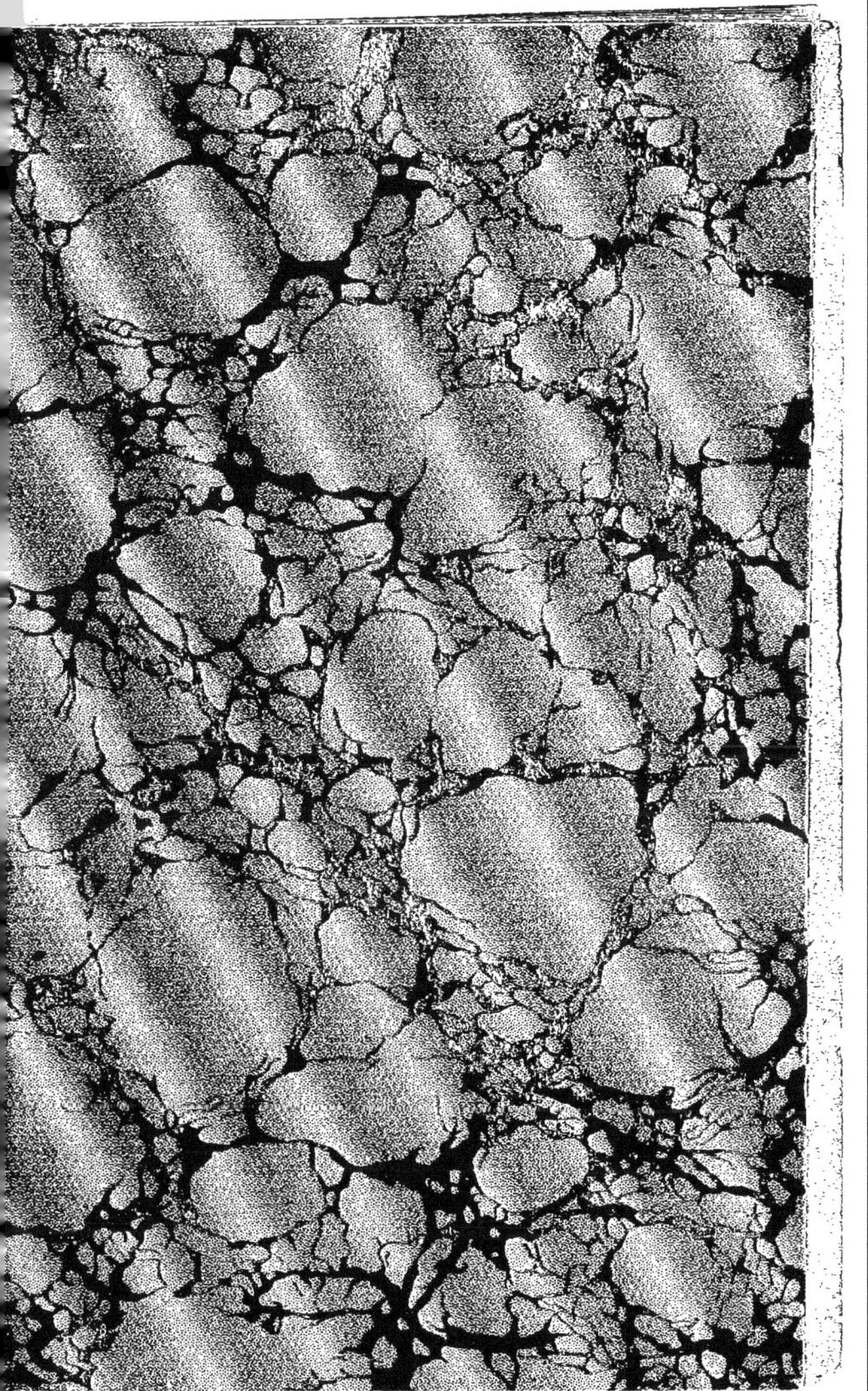

NOUVELLE ENCYCLOPÉDIE PRATIQUE
DU BATIMENT ET DE L'HABITATION

RÉDIGÉE PAR

René CHAMPLY, Ingénieur

ncours d'Architectes et d'Ingénieurs spécialistes

TREIZIÈME VOLUME

SALUBRITÉ DES HABITATIONS
ET DES EAUX
SONNERIES, TÉLÉPHONES
PARATONNERRES

AVEC 200 FIGURES DANS LE TEXTE

PARIS
LIBRAIRIE GÉNÉRALE SCIENTIFIQUE ET INDUSTRIELLE
H. DESFORGES
29, QUAI DES GRANDS-AUGUSTINS, 29

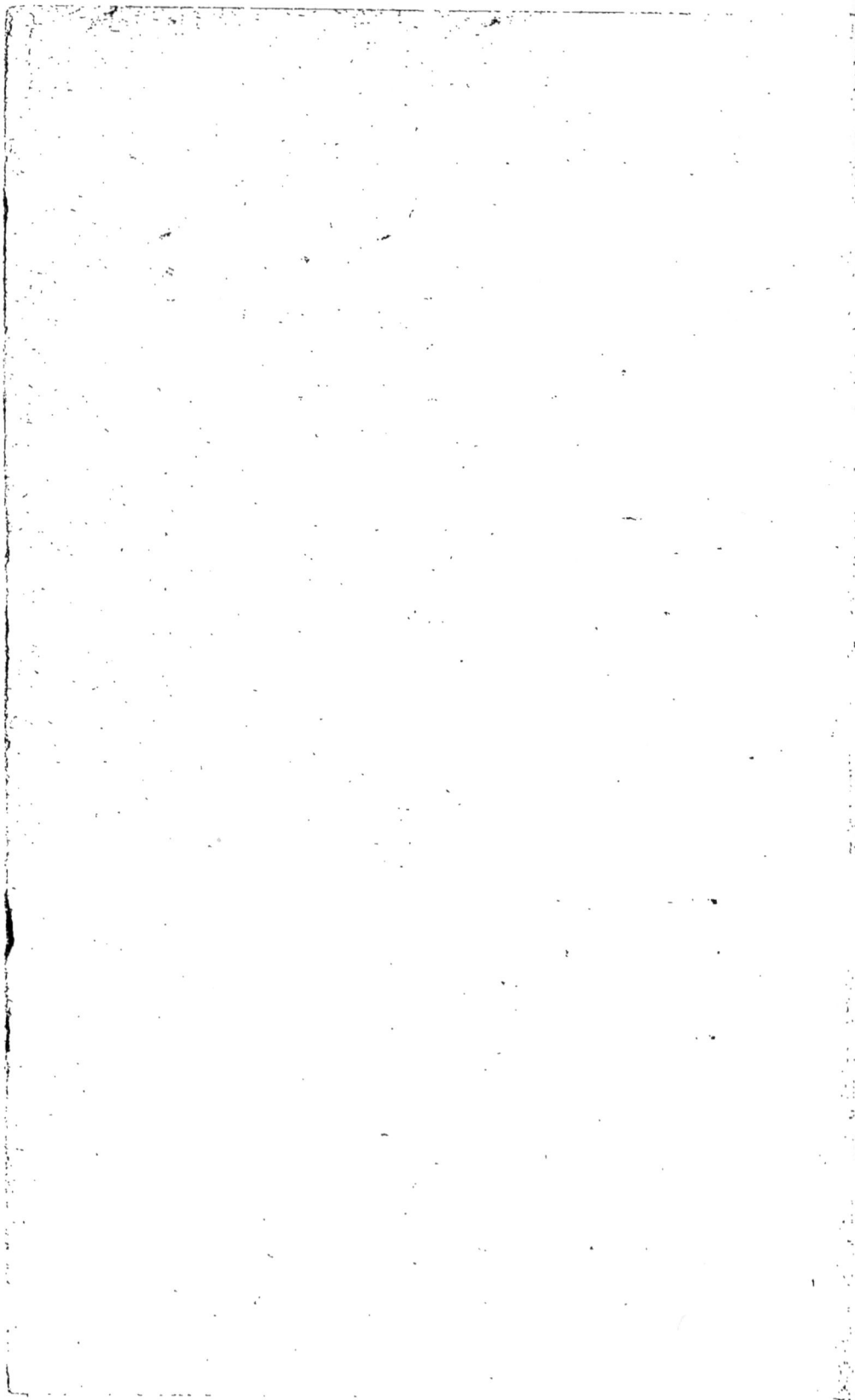

Salubrité des Habitations et des Eaux

Sonneries,

Téléphones, Paratonnerres

NOUVELLE ENCYCLOPÉDIE PRATIQUE

DU BATIMENT ET DE L'HABITATION

RÉDIGÉE PAR

René CHAMPLY, Ingénieur

avec le concours d'Architectes et d'Ingénieurs spécialistes

TREIZIÈME VOLUME

SALUBRITÉ

des Habitations et des Eaux

SONNERIES, TÉLÉPHONES

Paratonnerres

AVEC 200 FIGURES DANS LE TEXTE

PARIS

LIBRAIRIE GÉNÉRALE SCIENTIFIQUE ET INDUSTRIELLE

H. DESFORGES

29, QUAI DES GRANDS-AUGUSTINS, 29

PRÉFACE

Nous avons cru devoir insister particulière-
ment dans ce volume sur ce qui assure la sécurité
des personnes dans l'habitation.

La plupart des propriétaires négligent l'hygiène et la salubrité de leurs maisons ; cependant la
prolongation de la vie humaine n'est obtenue que
grâce aux sages règlements appliqués dans les
villes. A la campagne, tout est à faire dans cet
ordre d'idées et il faut avouer que la France est
bien en retard, de ce côté, sur beaucoup d'autres
pays.

Cependant on dépense moins d'argent à mettre
une maison en état de confort hygiénique qu'à
soigner constamment des malades, que l'on a le
plus souvent la douleur de voir mourir prématu-
rément de la fièvre typhoïde ou de la phtisie.

A un autre point de vue, *celui de la défense contre le feu*, il n'existe pour ainsi dire rien dans les

fermes et châteaux les plus importants et nous n'avons jamais pu comprendre cette imprévoyance des propriétaires, abandonnant ainsi, au hasard, des constructions et des accumulations de meubles ou de marchandises que l'assurance contre l'incendie ne rembourse que rarement à leur vraie valeur.

Le propriétaire devrait avoir trois terreurs :

Celle du microbe, que combat l'hygiène ;

Celle du voleur, dont la sonnerie électrique décèle la présence.

Celle du feu, qui est tenu en respect par les paratonnerres et les secours immédiats d'incendie.

Nous espérons que ce petit livre aura son utilité contre ces trois ennemis.

R. C.

Nouvelle Encyclopédie Pratique
DU BATIMENT ET DE L'HABITATION

CHAPITRE PREMIER

SALUBRITÉ DES HABITATIONS URBAINES

Pour qu'une habitation soit salubre et hygiénique, il faut :

1º Que les divers locaux et chambres aient des *dimensions suffisantes* en longueur, largeur et hauteur.

2º Qu'ils soient *aérés* et *ventilés*.

3º Qu'ils reçoivent suffisamment la *lumière du soleil*.

4º Qu'ils ne soient pas *humides*.

5º Que les enduits des murs et les planchers ne soient pas susceptibles de retenir les *moisissures, germes microbiens, insectes parasites*, etc.(Voir vol. IX.)

6º Que l'alimentation des habitants soit faite en eau pure et saine.

7º Que l'évacuation des eaux usées et des matières de vidanges soit assurée rapidement. (Voir vol. XII.)

Le règlement de salubrité de la Ville de Paris, que

nous reproduisons ci-après, résume les conditions à remplir pour avoir des locaux hygiéniques aussi bien à la ville qu'à la campagne ; ce règlement mérite d'être étudié par tous ceux qui désirent construire, même et surtout lorsqu'ils ne sont pas soumis au contrôle d'un Préfet de police.

Nous avons cru devoir citer in-extenso ce règlement qui peut servir de guide aux municipalités et aux propriétaires en général.

Règlement sanitaire pour la Ville de Paris

Arrêté du Préfet de la Seine
portant
Règlement sanitaire pour la Ville de Paris

(*Exécution de la loi du* 15 *février* 1902-7 *avril* 1903.)
22 *juin* 1904 — 10 *novembre* 1909.

LE PRÉFET DE LA SEINE,

Vu la loi des 15 février 1902 et 7 avril 1903 sur la protection de la santé publique (articles 1, 2, 22, 24) ;

Vu l'avis émis par le Conseil municipal de Paris dans la séance du 30 mars 1903 ;

Vu l'avis du Conseil d'hygiène et de salubrité de la Seine ;

Vu l'arrêté du 22 juin 1904, portant règlement sanitaire de la Ville de Paris ;

Vu la délibération du Conseil d'Etat en date du 5 juin 1908,
Arrête :

TITRE PREMIER

Salubrité.

CHAPITRE PREMIER. — SALUBRITÉ DE LA VOIE PUBLIQUE DANS SES RAPPORTS AVEC LA SALUBRITÉ DE L'HABITATION.

Article premier. — Il est interdit d'effectuer aucun dépôt, de quelque nature et à quelque heure que ce soit, sauf autorisation spéciale, sur aucune partie de la voie publique (rues, places, quais, ports, berges, etc.) ; d'y pousser des ordures ou résidus provenant du balayage des maisons ; d'y battre ou secouer des tapis, draperies, étoffes quelconques, après huit heures du matin du 1er avril au 30 septembre, et après neuf heures du matin du 1er octobre au 31 mars.

Art. 2.— Toute projection d'eaux usées, ménagères ou autres, est interdit sur les voies publiques pourvues d'égouts. Il est fait exception toutefois, pour les eaux provenant du lavage des façades des maisons, des portes cochères et vestibules, des devantures de boutiques ; l'eau en provenant sera balayée immédiatement au caniveau. Il est défendu d'employer à ce lavage des eaux usées.

Il est prescrit aux entrepreneurs de travaux exécutés sur la voie publique ou dans les propriétés qui l'avoisinent, de tenir la voie publique en état de propreté, aux abords de leurs ateliers ou chantiers et sur tous les points qui auraient été salis par suite de leurs travaux ; il leur est également prescrit d'assurer aux ruisseaux un libre écoulement.

Art. 3. — Les terres et détritus quelconques provenant des fouilles seront désinfectés, s'il y a lieu, et, dans tous les cas, transportés sans retard aux décharges.

Les transports de toute nature auront lieu dans des conditions telles que la voie publique n'en puisse être salie, ni les passants incommodés ; les chargements et déchargements seront effectués en conséquence.

Art. 4. — Le propriétaire de tout immeuble habité est tenu de faire déposer chaque matin, soit extérieurement sur le trottoir, soit intérieurement près de la porte d'entrée, en un point parfaitement visible et accessible, un ou plusieurs récipients communs, de capacité suffisante pour contenir les ordures ménagères de tous les locataires ou habitants.

Il en sera de même pour les immeubles situés dans les voies non classées dont les propriétaires auront consenti un abonnement au balayage, à moins que les tombereaux n'y puissent circuler. Si ces deux conditions ne peuvent être remplies, les récipients seront déposés aux débouchés de la voie privée sur la voie publique.

Le dépôt de ces récipients devra être effectué une heure au moins avant l'heure réglementaire de l'enlèvement, qui doit commencer à six heures et demie du matin, pour être terminé à huit heures et demie en été (c'est-à-dire du 1er avril au 30 septembre), et commencer à sept heures, pour être terminé à neuf heures en hiver (c'est-à-dire du 1er octobre au 31 mars).

Les récipients devront être remis à l'intérieur de l'immeuble une demi-heure au plus après le passage du tombereau d'enlèvement.

Art. 5.— Les récipients communs, quels qu'en soit le mode de construction et la forme, devront satisfaire aux conditions suivantes :

Chaque récipient aura une capacité de 100 litres au maximum. Il ne pèsera pas à vide plus de 15 kilogrammes. S'il est de forme circulaire, il n'aura pas plus de 0 m. 55 de diamètre ; s'il est de forme rectangulaire ou elliptique, il n'aura pas plus de 0 m. 50

de largeur ni de 0 m. 80 de longueur, en aucun cas la hauteur ne dépassera la plus petite des deux dimensions horizontales.

Les récipients seront, à l'intérieur des habitations, pourvus d'un couvercle et tenus fermés ; ils seront pourvus de deux anses ou poignées à leurs parties supérieures. Ils devront être peints ou galvanisés et porter sur l'une de leurs faces latérales l'indication du nom de la rue et du numéro de l'immeuble en caractères apparents. Ils devront être constamment maintenus en bon état de propreté, tant intérieurement qu'extérieurement, de manière à ne répandre aucune mauvaise odeur à vide.

Ils seront mis à la disposition des locataires et par les soins des propriétaires depuis neuf heures du soir jusqu'à l'enlèvement.

Art. 6. — Il est interdit aux habitants de verser leurs ordures ménagères ailleurs que dans les récipients communs affectés à l'immeuble.

Si le récipient commun vient à faire défaut ou se trouve accidentellement insuffisant, ils devront laisser leurs récipients particuliers en dépôt, à la place ou auprès du récipient commun.

Art. 7. — Il est interdit aux chiffonniers de répandre les ordures sur la voie publique. Mais ils pourront faire le triage sur une toile et devront remettre ensuite les ordures dans les récipients.

Art. 8. — Il est interdit :

1º De projeter dans les égouts, par les bouches et les regards établis sur la voie publique, des matières de vidange liquides ou solides ;

2º D'introduire dans les égouts des corps solides, ordures ménagères, détritus liquides ou solides et matières quelconques pouvant émettre des vapeurs ou gaz incommodes, dangereux ou inflammables ;

3º D'écouler des eaux chaudes dont la température serait supérieure à 30º avant leur arrivée dans l'égout ;

4º D'écouler des eaux acides. Ces eaux devront être neutralisées avant leur projection dans les égouts.

CHAPITRE II. — SALUBRITÉ DES VOIES PRIVÉES

§ 1er. — *Dispositions générales, chaussées et trottoirs.*

Art. 9. — Aucune voie privée servant d'accès commun à plusieurs immeubles, qu'elle soit ou non close à ses extrémités, ne pourra être établie qu'à la condition de se conformer aux prescriptions contenues dans les articles suivants :

Art. 10. — Les chaussées et trottoirs y seront établis suivant les mêmes profils que les chaussées et trottoirs des voies publiques et constitués en matériaux présentant toute garantie au point de vue de la salubrité et de la sécurité de la circulation.

La répartition des largeurs entre les chaussées et trottoirs sera déterminée d'après la largeur des voies elles-mêmes, conformément au tableau inséré à l'arrêté préfectoral du 15 avril 1846.

Art. 11. — Afin d'empêcher tout dépôt d'ordures et d'immondices, les voies privées devront être éclairées d'une façon suffisante.

Art. 12. — Le sol devra en être tenu constamment en bon état d'entretien et de propreté ; la chaussée et les trottoirs devront être balayés et les ruisseaux lavés chaque jour.

Pendant la durée des chaleurs les propriétaires seront tenus de faire arroser la voie privée chaque jour, au moins une fois dans l'après-midi. L'usage, pour l'arrosement, des eaux usées est interdit.

Art. 13. — Les propriétaires seront tenus de faire casser la glace dans toute l'étendue et sur toute la largeur des voies privées ; les glaces seront mises en tas le long des ruisseaux du côté de la chaussée. Ils feront également balayer les neiges.

Le cours des ruisseaux dans toute la longueur de la voie privée devra être tenu libre sur une largeur de 0 m. 50 au moins pour faciliter l'écoulement des eaux.

Il est défendu de déposer des neiges et des glaces sur les tampons de regards d'égouts et auprès des bouches de lavage et bouches d'égout et de pousser dans les égouts des glaces et des neiges congelées.

Il est interdit de déposer sur le sol de la voie publique aucune neige ou glace provenant d'une voie privée ou des propriétés riveraines de cette voie.

Art. 14. — Tous les terrains situés en bordure des voies privées, appartenant à des particuliers ou à la ville de Paris, seront clos de telle façon que l'on ne puisse y pénétrer ou y verser des ordures ou détritus.

Les dépôts de fumier, ordures, immondices ou encore des gravois qui, par leur origine ou leur nature présenteraient un danger d'insalubrité sont absolument interdits dans les terrains en bordure des voies privées.

Art. 15. — Les dispositions du titre I concernant la salubrité de la voie publique, s'appliquent également aux voies privées.

§ 2. — *Conduites d'eau. — Évacuation des eaux pluviales et ménagères et des matières de vidange.*

Art. 16. — Toute voie privée comprenant des habitations doit être pourvue, sur la longueur nécessaire, par les soins des propriétaires intéressés, de deux conduites : l'une amenant l'eau potable et l'autre destinée aux lavages et aux usages industriels.

Art. 17. — Dans toute voie privée débouchant de part ou

d'autre sur une voie déjà pourvue d'un écoulement souterrain, les eaux pluviales et ménagères des maisons ne pourront pas être écoulées à ciel ouvert ; il sera établi, sur la longueur nécessaire, à moins d'impossibilité absolue, un conduit souterrain étanche et convenablement aménagé pour recevoir ces eaux ; ce conduit sera lavé par des chasses d'eau suffisantes.

Art. 18. — Toutes les propriétés riveraines doivent être reliées à ce conduit souterrain par des branchements établis dans les conditions prévues au § 8 du chap. 3.

CHAPITRE III. — SALUBRITÉ DES HABITATIONS
DANS LES VOIES PUBLIQUES ET PRIVÉES

§ 1er. — *Autorisation de construire.*

Art. 19. — Aucune construction neuve ou modification de construction existante ne pourra être entreprise sans une autorisation préalable du Préfet.

A cet effet, le propriétaire devra remettre à l'Administration avec sa demande, et revêtus de son visa les dessins cotés (plans, coupes et élévations) de tous projets de travaux.

Les dessins seront remis en double expédition et devront porter l'indication de toutes les conditions de salubrité prescrites par le règlement sanitaire. Récépissé sera délivré au propriétaire du dépôt de la demande et des pièces y annexées.

Art. 20. — L'autorisation de construire, conformément aux dessins produits à l'appui de la demande, sera délivrée au propriétaire dans le délai de vingt jours à partir de la date du dépôt constaté par le récépissé.

A l'expiration du délai de vingt jours ci-dessus indiqué, le propriétaire qui n'aurait pas reçu l'autorisation pourra commencer les travaux sans déroger, toutefois, à l'observation du présent règlement sanitaire.

§. 2 — *Pièces destinées à l'habitation. Prescriptions générales.*

Art. 21. — Les articles 1er à 18 du décret du 13 août 1902 sur la hauteur des bâtiments dans la ville de Paris sont applicables aux voies privées de toute nature closes ou non à leurs extrémités, en tant que leurs prescriptions ont pour objet de satisfaire aux nécessités de l'hygiène et de la salubrité.

Art. 22. — Le minimum de vue directe (1) des pièces destinées à l'habitation de jour ou de nuit ou des cuisines ouvrant

---

(1) Par minimum de vue directe on entend la distance comprise entre le nu extérieur du mur de la pièce habitable et le nu du mur opposé. Cette distance est mesurée horizontalement sur la perpendiculaire élevée dans l'axe de la baie.

sur les voies privées est de 6 mètres pour les habitations à construire sur ces voies.

Art. 23. — Dans toute maison à construire, pour les cours desservant des pièces habitables et pour celles ne desservant que des cuisines, l'ensemble des deux prescriptions de surface et de vue directe est toujours exigible.

La vue directe devra s'étendre sur une largeur d'au moins 2 mètres pour les cuisines et de 4 mètres pour les autres pièces habitables.

Art. 24. — Les cuisines de concierges qui seraient aérées ou éclairées sur une courette doivent être munies, en plus du tuyau de fumée réglementaire, d'une cheminée de ventilation d'une section minimum de 4 décimètres carrés et montant à 1 mètre au-dessus de la partie la plus élevée de la construction ou de tout autre dispositif assurant une ventilation équivalente. La cheminée de ventilation sera, autant que possible, contiguë au tuyau de fumée.

Art. 25. — Le gabarit de hauteur et de saillie des bâtiments élevés sur les cours a pour point de départ, dans chaque cour, le niveau du terre-plein du rez-de-chaussée ou plancher haut des caves.

Art. 26. — Quand des pièces destinées à l'habitation de jour ou de nuit ou des cuisines ne sont pas aérées ou éclairées sur une rue ou sur une cour réglementaire non couverte, mais seulement sur une cour couverte d'un vitrage, la section libre de ventilation de cette cour doit être conforme aux prescriptions de l'article 14 du décret du 13 août 1902.

§ 3. — *Caves et sous-sols.*

Art. 27. — Les caves devront toujours être ventilées par des soupiraux en nombre suffisant, communiquant avec l'air extérieur et ayant au moins chacun 0 m. 12 de hauteur avec une section libre minimum de 6 décimètres carrés.

Il sera, en outre, réservé des ouvertures dans le haut des cloisons de distribution.

Art. 28. — Aucune porte ou trappe de communication avec les caves ne pourra s'ouvrir dans une pièce destinée à l'habitation de nuit.

Art. 29. — Les caves ne pourront, en aucun cas, servir à l'habitation de jour ou de nuit.

Art. 30. — Les sous-sols destinés à l'habitation de jour devront remplir les conditions suivantes :

1º Les murs, ainsi que le sol, devront être imperméables :

2º Chaque pièce aura une surface minimum de 12 mètres. Elle sera éclairée et aérée au moyen de baies ouvrant sur une rue ou sur une cour, et dont les sections réunies devront avoir au moins un dixième de la surface de la pièce.

§ 4. — *Rez-de-chaussée et étages divers.*

Art. 31. — Le sol des locaux sis à rez-de-chaussée au-dessus des caves ou des terre-pleins devra toujours être imperméable.

Art. 32. — Les murs, à rez-de-chaussée, devront être imperméables jusqu'au niveau du sol et à ce niveau ils comporteront dans toute leur section, une couche horizontale isolatrice imperméable.

Art. 33.— Au rez-de-chaussée et aux étages autres que celui le plus élevé de la construction, le sol de toute pièce pouvant servir à l'habitation de jour ou de nuit aura une surface minimum de 9 mètres.

Chaque pièce sera munie d'un conduit de fumée et sera éclairée et aérée sur rue ou sur cour au moyen d'une ou plusieurs baies dont l'ensemble devra présenter une section totale au moins égale au sixième du sol de ladite pièce.

Les pièces qui seront affectées à l'usage exclusif de cuisines pourront avoir une dimension moindre.

Par exception, une loge de concierge ne pourra avoir une surface inférieure à 12 mètres.

Art. 34. — A l'étage le plus élevé de la construction, le sol de toute pièce pouvant servir à l'habitation de jour ou de nuit aura une surface minimum de 8 mètres. Cette surface sera mesurée à 1 m. 30 de hauteur du sol, sans que le cube de la pièce puisse être inférieur à 20 mètres cubes.

Chaque pièce sera munie d'un tuyau de fumée et sera aérée directement par une ou plusieurs baies dont l'ensemble devra présenter une section totale au moins égale au huitième du sol de ladite pièce.

Toute partie lambrissée sera disposée de façon à défendre l'habitation contre les variations de température extérieure.

Art. 35. — Les cages d'escaliers seront éclairées et aérées convenablement dans toutes leurs parties.

Art. 36. — En aucun cas, les jours de souffrance ou de tolérance ne pourront être considérés comme baie d'aération.

Art. 37. — Les écuries particulières, ainsi que leurs dépendances (cour, aire aux fumiers, etc.) devront être maintenues constamment en parfait état d'entretien et de propreté. Des dispositions efficaces y seront prises pour empêcher qu'elles n'incommodent le voisinage par leur mauvaise odeur ou le bruit des animaux.

Elles mesureront au moins 2 m. 80 de hauteur sous plafond et réserveront à chaque animal un cube d'air minimum de 25 mètres. En outre, des portes et des châssis vitrés nécessaires pour assurer un bon éclairage, une ventilation permanente sera établie au moyen de conduits spéciaux, de 4 décimètres carrés, s'élevant au-dessus des constructions voisines comme les conduits de fumée, à raison d'un par groupe de trois chevaux.

Leurs murs, leur sol et celui de l'aire aux fumiers seront imperméables. Des pentes convenables et des ruisseaux conduiront les urines, purins et eaux de lavage à des orifices d'évacuation pourvus d'une occlusion hermétique permanente et reliés à la canalisation générale de l'immeuble.

Les fumiers seront enlevés tous les trois jours au moins, avant neuf heures du matin.

En cas de gêne manifeste pour les voisins, les fumiers devront être enlevés tous les jours.

§ 5. — *Chauffage, ventilation, éclairage.*

Art. 38. — Les conduits desservant les cheminées, poêles, calorifères, fourneaux et autres appareils, ne devront avoir entre eux aucune communication et ne donner lieu à aucun dégagement de gaz ou de fumée à travers leurs parois. Ils dépasseront d'au moins 1 mètre la partie la plus élevée de la construction.

Art. 39. — Les cheminées d'appartements seront munies d'une ventouse d'une section libre suffisante pour l'amenée de l'air extérieur. La section libre de cette prise d'air sera d'au moins 1 décimètre et demi carré.

Les appareils de chauffage (cheminées d'appartements, poêles, calorifères, etc.), doivent être construits ou installés de telle façon qu'il ne s'en dégage, à l'intérieur des pièces habitées, ni fumées, ni poussières, ni aucun gaz pouvant compromettre la santé des habitants de l'immeuble ou des maisons voisines. Les prises d'air des calorifères ne pourront se faire que directement à l'extérieur sur rue, cour ou jardin.

Art. 40. — Les foyers alimentés par des combustibles ne donnant pas de fumée ou par des produits gazeux et servant au chauffage des locaux destinés à l'habitation de jour ou de nuit, seront munis d'un tuyau spécial d'évacuation des produits de la combustion ou d'un tuyau se raccordant avec le conduit de fumée réglementaire.

Art. 41. — Les fourneaux de cuisine, fixes ou mobiles, seront desservis par un conduit spécial d'évacuation de la fumée ou du gaz provenant de la combustion.

Art. 42. — Les clés destinées à régler le tirage des conduits de fumée ne pourront jamais être installées de façon à fermer complètement la section de ces conduits.

Art. 43. — Les chambres servant à l'habitation de jour et de nuit pourvues d'un appareil de chauffage et, en général, les locaux renfermant des poêles, fourneaux de cuisine ou calorifères devront être ventilés.

Art. 44. — Les dispositions contenues au présent chapitre s'ajouteront à celles énoncées dans les arrêtés du 18 février

1862 et 2 avril 1868, qui sont relatives au chauffage et à l'éclairag au gaz, à celles de l'ordonnance de police du 1er septembre 1897, concernant les incendies, et à l'arrêté du 25 novembre 1897 sur les tuyaux de fumée.

§ 6. — *Alimentation en eau potable.*

Art. 45.— Tout bâtiment destiné à l'habitation de jour ou de nuit devra être à relié la distribution publique d'eau potable par une canalisation convenablement établie pour desservir les différents étages.

Dans le cas où l'immeuble serait desservi, en outre, par une canalisation d'eau destinée aux lavages et aux usages industriels, cette dernière devra être rendue distincte par une couche de peinture rouge et il ne devra exister entre les deux réseaux aucune communication.

Art. 46. — Il est interdit de se servir d'autre eau que d'eau potable pour la boisson et la préparation des aliments.

Aucun robinet de puisage pour l'eau potable ne sera disposé dans les cabinets d'aisance à usage commun.

Sauf les cas de force majeure, l'usage de l'eau potable sera laissé à la libre disposition des habitants de l'immeuble.

Art. 47. — Il ne pourra être établi d'appareils de puisage ou de prise d'eau qu'au-dessus d'un orifice d'évacuation relié à la canalisation d'écoulement, et disposé conformément aux prescriptions de l'article 60.

Des précautions seront prises aux abords pour protéger les murs et planchers contre l'humidité.

Art. 48. — Les robinets de puisage pour l'eau potable seront directement desservis par les colonnes montantes.

Lorsque, en cas de nécessité démontrée, l'alimentation de ces robinets sera faite par l'intermédiaire de réservoirs, toutes les précautions devront être prises tant dans l'installation que dans l'entretien de ces réservoirs, pour protéger l'eau contre les souillures et altérations de toutes espèces, et faciliter le vidage et le nettoyage (1).

(1) *Règlement Sanitaire municipal prescrit par l'art. 1er de la loi du 15 février 1902 sur la santé publique.*
Modèle A, applicables aux villes, bourgs et agglomérations :
« Art. 27. — Les réservoirs d'eau potable auront leurs parois formées de matières qui ne puissent être altérées par les eaux. Le plomb en sera exclu.
« Ils seront hermétiquement clos à leur partie supérieure, de façon que les poussières, les liquides ou toutes autres matières étrangères n'y puissent pénétrer.
« Ils seront soustraits au rayonnement solaire et éloignés des conduits d'évacuation des eaux ménagères et des matières usées. Leur partie inférieure sera munie d'un robinet de nettoyage.
« Ils seront tenus en état constant de propreté. »

Art. 49. — L'emploi de l'eau des puits est interdit pour tous les usages ayant un rapport, même indirect, avec l'alimentation, tels que le lavage des récipients destinés à contenir des boissons ou des produits alimentaires.

Pour tous autres usages il est subordonné à une déclaration préalable qui doit être faite à M. le Préfet de la Seine vingt jours au moins avant l'emploi effectif.

§ 7. — *Ecoulement des eaux pluviales. — Evacuation des eaux usées et matières de vidange. — Cabinets d'aisance et orifices d'évacuation.*

Art. 50. — Les couvertures des bâtiments pouvant servir à l'habitation seront faites en matériaux imperméables.

Art. 51. — Des chéneaux et gouttières étanches et de dimensions appropriées recevront les eaux pluviales à la partie basse des couvertures. Les pentes desdits chéneaux et gouttières seront réglées pour diriger rapidement les eaux sans stagnation, vers les orifices des tuyaux de descente ; chacun de ces orifices sera muni d'une crapaudine.

Art. 52. — Il est interdit de projeter des eaux usées, de quelque nature qu'elles soient, dans les chéneaux ou gouttières, à peine de contravention personnelle.

Art. 53. — Le sol des cours et des courettes devra être revêtu en matériaux imperméables, avec pentes convenablement réglées pour diriger les eaux pluviales vers les orifices d'évacuation.

Art. 54. — Dans toute maison à construire, tout cabinet d'aisances devra être installé dans un local éclairé et aéré directement.

Il devra y avoir, par appartement, quelle qu'en soit l'importance, à partir de trois pièces habitables (non compris la cuisine) :

1° Un cabinet d'aisances ;

2° Un évier ou poste d'eau comportant robinet d'amenée pour l'eau d'alimentation et vidoir pour l'évacuation des eaux usées.

Art. 55. — Il devra être établi également, et dans les mêmes conditions, pour le service des pièces habitables louées isolément ou par groupes de deux, un cabinet d'aisances par six pièces habitables et un poste d'eau par étage.

Art. 56. — Dans les établissements à usage collectif, le nombre des cabinets d'aisances sera déterminé par l'Administration dans la permission de construire, en tenant compte du nombre de personnes appelées à faire usage de ces cabinets, de la durée de leur séjour dans les établissements et de la disposition des localités.

Art. 57. — L'évacuation des matières solides et liquides des cabinets d'aisances, dans les nouvelles constructions, sera faite directement à l'égout public, dans les voies désignées par arrêtés préfectoraux.

Art. 58. — Toute cuvette de cabinet d'aisances sera munie d'un appareil formant fermeture hermétique et permanente, afin d'intercepter toute communication entre l'atmosphère des tuyaux de chute et celle des locaux desservis. Le cabinet d'aisances devra être disposé de telle sorte que la cuvette reçoive la quantité d'eau nécessaire pour assurer le lavage complet des appareils et l'entraînement des matières.

La transformation des maisons existantes, en exécution de la loi du 10 juillet 1894, donnera lieu à l'application des prescriptions du présent règlement, sans préjudice des mesures édictées par les articles 12 et suivants de la loi du 16 février 1902.

59. — Les urinoirs devront être construits en matériaux imperméables, pourvus d'effets d'eau suffisants ou entretenus et désinfectés par tout autre moyen équivalent.

Art. 60. — Les orifices de décharge des eaux usées (entrées d'eau dans les cours, écuries ou remises, éviers, vidoirs, postes d'eau, lavabos ou toilettes, baignoires, cabinets d'aisances, urinoirs, etc.) devront être pourvus chacun d'une occlusion hermétique permanente avant le raccordement sur le tuyau de descente ou de conduit d'évacuation.

Si des orifices d'évacuation des eaux usées ou des cabinets d'aisances et urinoirs sont installés à un niveau inférieur à celui du sol de la voie vers laquelle se fera l'évacuation, les propriétaires devront prendre à leurs risques et périls toutes les dispositions nécessaires pour prévenir le reflux des eaux d'égout à l'intérieur de leurs immeubles.

Art. 61. — Les chutes desservant les cabinets seront entièrement distinctes des descentes pour les eaux pluviales, ainsi que des descentes pour les eaux ménagères.

Elles aboutiront à un conduit commun d'évacuation.

Art. 62. — Les chutes des cabinets d'aisances seront formées de tuyaux à joints hermétiques ; leurs diamètres, calculés d'après les débits, ne pourront être inférieurs à 10 centimètres.

Ces chutes devront être étanches et prolongées, pour la ventilation, de 1 mètre au moins au-dessus des parties les plus élevées de la construction.

Les tuyaux devront être autant que possible apparents dans toute leur hauteur.

Art. 63. — Les mêmes prescriptions sont applicables aux descentes recevant à la fois des eaux pluviales et des eaux ménagères qui devront être aussi, autant que possible, prolongées pour la ventilation jusqu'au-dessus des parties les plus élevées de la construction.

Il n'est fait d'exception que pour les descentes qui recevraient exclusivement des eaux pluviales ; ces dernières pourront seules s'ouvrir dans les chéneaux et gouttières.

Art. 64. — L'évacuation des matières de vidange et des eaux usées sera faite à l'égout public sans stagnation, par un conduit étanche et ventilé, y raccordant directement les tuyaux de chute et de descente et dont les diamètres successifs seront calculés d'après les débits, sans toutefois pouvoir être inférieurs à 12 centimètres au débouché dans l'égout public.

Art 65. — Le conduit d'évacuation composé de parties droites, raccordées entre elles par des courbes du plus grand rayon possible, sera posé suivant une pente uniforme de 3 centimètres par mètre au moins. Dans les cas exceptionnels où cette dernière condition serait impossible à réaliser, l'Administration pourra exiger l'addition de réservoirs de chasse ou autres moyens d'expulsion.

Art. 66. — Les raccordements des tuyaux et descentes sur le conduit d'évacuation se feront par des courbes d'un rayon minimum de 50 centimètres, ou par des parties obliques formant avec le prolongement du conduit un angle de 45 degrés.

Les raccordements entre tuyaux de diamètres différents devront être exécutés au moyen de pièces coniques droites ou courbes suivant le cas.

Art. 67. — Le conduit d'évacuation sera formé de tuyaux en matériaux résistants, imperméables et imputrescibles, à surface unie, et reliés par des joints étanches ; ces joints ne devront être nulle part engagés dans la maçonnerie et seront tenus apparents partout où ce sera possible. Il y sera établi un nombre suffisant de regards facilement accessibles, dont le tampon mobile formera fermeture rigoureusement hermétique. Ce conduit devra être capable de supporter la pression intérieure résultant de son remplissage en eau jusqu'au niveau du sol de la voie publique vers laquelle se fait l'évacuation.

Art. 68.— Toutes dispositions devront être prises pour éviter la congélation dans les divers appareils et dans toutes les canalisations d'amenée et d'évacuation.

Art. 69. — La projection dans la canalisation, soit par les cabinets d'aisances, soit par les orifices d'évacuations ou par les regards de visite, de corps solides, débris de vaisselle et de cuisines ordures ménagères, fumiers, détritus de liquides ou de produits pouvant obstruer les conduits, infecter l'atmosphère et émettre des vapeurs ou gaz inflammables ou dangereux, est absolument interdite.

Il est également interdit d'écouler, par la canalisation particulière, des eaux acides. Ces eaux devront être neutralisées avant leur projection dans les conduits.

Les eaux chaudes devront être ramenées à une température inférieure à 30 degrés centigrades.

Art. 70. — Les propriétaires d'anciens immeubles devront,

avant l'installation de l'écoulement direct à l'égout, adresser à l'Administration le projet des travaux à exécuter.

Ce projet comprendra les dessins cotés (plans, coupes et élévations) des installations, y compris le tracé de la distribution de l'eau et l'indication de la pente et les dimensions des conduits d'évacuation.

A défaut d'avis de la part de l'Administration, les travaux pourront être entrepris vingt jours après le dépôt des plans constaté par un récépissé, sans déroger toutefois aux prescriptions du présent réglement sanitaire.

Art. 71.—Aucune modification, aucune addition aux installations sanitaires d'un immeuble (canalisations, tuyaux de chute ou de descente, cabinets d'aisances, entrée d'eau, etc.) ne peut se faire sans déclaration préalable. Cette déclaration devra, à cet effet, être adressée à l'Administration ; elle sera accompagnée des plans et coupes des modifications à effectuer.

Art. 72. — Les entrepreneurs chargés des travaux d'installation sanitaires (distribution d'eau, évacuation des eaux usées et des matières de vidange), dans une nouvelle construction ou dans un ancien immeuble, resteront soumis à la déclaration préalable prescrite par l'ordonnance du 20 juillet 1838, art. 1er.

§ 8 — *Branchements particuliers dans les voies publiques ou privées. — Fosses fixes ou mobiles, puits et puisards. — Dispositions à prendre dans les voies non pourvues d'égouts.*

Art. 73. — Les branchements particuliers d'égouts sont construits et entretenus aux frais des propriétaires intéressés.

Un branchement particulier d'égout ne peut desservir qu'une seule propriété. Mais une propriété peut être desservie par autant de branchements qu'il est nécessaire pour l'évacuation de ses eaux usées dans les meilleures conditions possibles.

Art. 74. — En règle générale, les branchements d'égout seront exécutés conformément aux dispositions observées pour la construction de l'égout auquel ils seront rattachés et avec des matériaux semblables ou admis comme équivalents par le Service municipal.

Ces branchements présenteront intérieurement les dimensions ci-après :

Hauteur sous clé : 1 m. 80.

Largeur aux naissances : 0 m. 90.

Largeur au radier : 0 m. 50.

Chaque branchement particulier d'égout devra être mis en communication avec l'intérieur de l'immeuble et aéré. Il sera fermé, à l'aplomb de l'égout public, par un mur de 30 centimètres d'épaisseur au moins, en maçonnerie de meulière et ciment, avec enduit de part et d'autre qui présentera du côté de l'immeuble un parement vertical et, du côté de l'égout, épousera le profil du pied-droit jusqu'à la naissance de la voûte, pour se prolonger ensuite verticalement jusqu'à la rencontre de la voûte du branchement, dont la pénétration restera dès lors apparente à l'intérieur de l'égout. Une plaque en porcelaine ou en lave émaillée, portant le numéro de l'immeuble, sera scellée dans l'enduit qui recouvrira le parement du mur à l'intérieur de l'égout.

Art. 75. — Dans les voies de petite circulation, classées en deuxième catégorie, et pour les propriétés d'un revenu imposable inférieur à 5.000 francs ainsi que dans les voies privées, le branchement, au lieu d'être établi en maçonnerie, pourra, si la nature du sol le permet, être formé d'un tuyautage en fonte épaisse, avec joints coulés au plomb, posé suivant une pente de 3 centimètres par mètre au moins. Ce tuyautage reliera directement l'immeuble à l'égout public.

La même disposition s'appliquera aux branchements supplémentaires quand ils n'auront à écouler que les eaux pluviales et ménagères des façades.

Art 76. — Au droit de toute voie privée, le branchement sera constitué par un tronçon d'égout d'un des types en usage au Service municipal.

Ce branchement sera établi à partir de l'égout public jusque dans l'intérieur de la voie privée et suffisamment prolongé au delà de l'alignement pour recevoir toutes les eaux usées, sans qu'aucun ouvrage soit établi à cet effet sur la voie publique.

Ce tronçon d'égout sera raccordé à l'égout public par une partie courbe dirigée dans le sens de l'écoulement ; il formera le prolongement de l'égout de la voie privée lorsque celui-ci sera constitué par une galerie en maçonnerie ; il sera fermé à l'extrémité amont par un mur pignon lorsque la voie privée sera drainée par un conduit en tuyaux.

Une grille pourra être exigée à l'aplomb de l'alignement pour intercepter la communication de l'égout privé avec l'égout public.

Art. 77. — Le conduit d'évacuation des eaux usées et des matières de vidange sera prolongé jusqu'à l'aplombement du parement intérieur de l'égout public et raccordé à la cuvette dudit égout par une partie courbe dirigée dans le sens de l'écoulement.

En principe, les descentes placées sur le parement des façades sur rues devront être ramenées à l'intérieur de l'immeuble pour y être branchées sur le conduit d'évacuation.

Dans le cas d'impossibilité matérielle, ces descentes pourront se raccorder directement au conduit d'évacuation, en passant sous le trottoir ; le raccord sera établi en tuyaux de fonte épaisse, avec joints en plomb, sur une pente de 3 centimètres par mètre.

Si cette dernière condition ne pouvait être remplie, il devr;
être établi des branchements supplémentaires.

Art. 78. — Les projets de branchements particuliers sero
dressés par les ingénieurs du Service municipal, aux frais
l'Administration et d'après les indications fournies par
propriétaires.

Ils ne pourront être mis à exécution qu'après une approl;
tion régulière et dans les conditions de cette approbation.

Art. 79. — Lorsqu'une partie quelconque d'un branchem;
en maçonnerie rencontrera une conduite de gaz préexistant
celle-ci devra toujours être isolée par un manchon en for
dont le propriétaire devra supporter les frais. Des mesures a;
logues seront prises en ce qui concerne les canalisations él;
triques.

Art. 80. — Les branchements à construire par mesure c
lective dans une rue ou portion de rue pourront être confié
un entrepreneur unique, désigné d'avance par voie d'adju
cation publique spéciale aux travaux de cette nature.

L'entreprise sera, d'ailleurs strictement limitée aux trava
extérieurs et ne comprendra même pas la fourniture et la p;
des conduites à établir dans l'intérieur des branchemen

Les propriétaires resteront libres de faire exécuter, par c
entrepreneurs de leur choix, les travaux de canalisation in
rieure. Mais les travaux devront être exécutés sans retard
terminés vingt jours au plus après les branchements ; pa;
ce délai, et sans autre avis préalable, les gargouilles des tr;
toirs pourront être enlevées d'office.

Chaque propriétaire payera directement à l'entrepreneur
dépense qui lui incombe, après vérification et règlement s;
frais du métré des ouvrages, s'il le demande, par l'ingénie
qui aura surveillé l'exécution des travaux.

Art. 81. — Tout branchement entrepris isolément se
exécuté par l'entrepreneur du choix du propriétaire.

Art. 82. — L'entretien des branchements et de leurs acc
soires sous la voie publique reste à la charge des propriétair
quelle que soit l'époque de leur établissement,.

Les propriétaires devront tenir constamment les branch
ments en parfait état de propreté et faire enlever les eaux (
pourraient s'y amasser.

Ils ne devront y faire aucun dépôt de quelque nature c
ce soit.

Ils seront tenus d'y donner accès, à toute heure du jour, a
agents de l'administration chargés de la surveillance, ai
qu'à ceux de la Préfecture de police.

Ils ne pourront élever aucune réclamation dans le cas
les embranchements seraient traversés, à une époque qu;
conque postérieure à leur établissement, par des condui
d'eau ou de gaz ou des canalisations électriques ou atte;

et modifiés de quelque manière que ce soit par des entreprises d'intérêt général.

Art. 83. — Chaque propriétaire est responsable, tant vis-à-vis de l'Administration que vis-à-vis des tiers, des conséquences de l'établissement, de l'existence et de l'entretien des ouvrages construits, tant à l'extérieur qu'à l'intérieur, pour le drainage de son immeuble.

Art. 84. — Les branchements actuellement existants, en communication avec les égouts publics, devront être successivement murés au droit de l'égout, conformément aux prescriptions de l'art. 74.

Cette modification sera effectuée lors du travail d'installation de l'écoulement direct à l'égout dans l'immeuble.

Art. 85. — Les arrêtés antérieurs relatifs aux dispositions, à l'établissement et à l'entretien des branchements particuliers d'égout demeurent en vigueur, sauf en ce qu'ils auraient de contraire aux dispositions qui précèdent.

§ 9. — *Dispositions transitoires et spéciales.*

Art. 86. — Les fosses, caveaux, etc., rendus inutiles par suite de l'application de l'écoulement direct dans l'égout, seront vidangés et désinfectés dans toute leur hauteur.

Les tuyaux de chute et de ventilation seront également nettoyés et désinfectés dans toute leur hauteur.

Art. 87. — L'emploi des puisards absorbants de toute nature est formellement interdit.

Art. 88. — Il ne pourra être établi de fosses fixes, de tonneaux mobiles, de puisards étanches qu'à titre provisoire et seulement dans les cas à déterminer par l'Administration, et lorsque l'absence d'égout, les dispositions de l'égout public ou de la canalisation d'eau, ou toute autre cause ne permettront pas l'écoulement à l'égout des eaux usées et des matières de vidange.

Art. 89. — Dans les rues actuellement pourvues d'égout, mais où l'écoulement direct n'est pas encore appliqué, il pourra être accordé provisoirement des autorisations pour écoulement des eaux vannes à l'égout par l'intermédiaire de tinettes filtrantes, dans les conditions de l'arrêté du 20 novembre 1887

Art. 90. — L'ouverture d'extraction d'une fosse fixe ou mobile devra être placée à l'extérieur des bâtiments et à l'air libre.

Art. 91. — L'installation et la disposition des fosses fixes ou mobiles, des tinettes filtrantes, des tuyaux de chutes et d'évent, etc., restent soumises aux prescriptions des ordonnances, arrêtés et règlements en vigueur, en tout ce à quoi il n'est pas dérogé par le présent règlement.

Art. 92. — Toute fosse où il devra être effectué une visite

ou une réparation devra être préalablement vidangée ; elle sera, en outre, immédiatement, avant chaque descente, ventilée par aspiration d'un volume d'air suffisant pour rendre la descente sans danger. L'air ainsi extrait passera à travers un foyer incandescent avant d'être dégagé dans l'atmosphère.

Il est, en outre, interdit de laisser descendre un ouvrier dans une fosse, pour quelque cause que ce soit, sans qu'il soit ceint d'un bridage.

La corde du bridage est tenue par un ouvrier placé à l'extérieur.

Art. 93. — Toute propriété qui ne serait bordée sur aucun côté par une voie pourvue d'égout pourra écouler ses eaux pluviales et ménagères au niveau du sol du rez-de-chaussée à partir du tuyau de descente jusqu'au niveau de la rue, dans les conditions suivantes :

Le sol des cours et courettes, établi avec des revêtements composés de matériaux imperméables, sera réglé suivant des pentes suffisantes pour assurer, sans stagnation, le prompt et facile écoulement des eaux pluviales et des eaux ménagères.

Les caniveaux ou gargouilles établis à cet effet devront être distants de 60 centimètres au moins des bâtiments d'habitation ; ils en seront séparés par des revers fortement inclinés, ou, préférablement, par des trottoirs.

Dans la traversée des bâtiments, les eaux pluviales et ménagères s'écouleront par des caniveaux couverts et étanches établis sur une pente suffisante et uniforme, avec regards ménagés de 5 mètres à 5 mètres au moins.

Ces caniveaux, qui devront être tenus en parfait état de propreté au moyen de chasses d'eau, ne pourront, dans aucun cas, être établis dans des locaux habitables ou à l'usage de commerce ou d'industrie. Quand ils traverseront des allées, vestibules ou couloirs communs, ces locaux devront être convenablement éclairés et en communication permanente, par une large baie constamment ouverte, avec l'air extérieur.

La traversée du trottoir de la voie publique se fera au moyen d'une gargouille en fonte munie d'une rainure destinée à en faciliter le curage et qui débouchera directement dans le caniveau de la rue.

Cette gargouille sera tenue en parfait état d'entretien.

Art. 94. — Lorsque la disposition des lieux ne permettra pas l'écoulement des eaux ménagères, soit à l'égout public, soit au caniveau de la rue, le propriétaire pourra être autorisé à diriger souterrainement ces eaux dans une fosse fixe.

Toute fosse fixe devra être établie dans des conditions d'étanchéité absolue et conformément aux dispositions de l'ordonnance royale du 24 décembre 1819, concernant la construction des fosses d'aisances, et vidangée suivant les prescriptions de l'ordonnance du 5 juin 1834.

Le propriétaire qui voudra établir une fosse fixe devra adresser à M. le Préfet de la Seine une demande accompagnée des plans et coupes cotés de l'installation.

Il sera statué dans les vingt jours de la date du récépissé.

CHAPITRE IV. — LOCAUX DESTINÉS A LA VENTE OU A LA CONSERVATION DES DENRÉES ALIMENTAIRES.

Art. 95. — Toutes les boutiques dans lesquelles seront vendus et conservés des produits alimentaires, tels que poissons frais, volailles, gibiers, fromages, viandes fraîches de toute nature, sans préjudice des dispositions spéciales à la boucherie et à la charcuterie, devront être disposées de telle sorte que l'air y soit constamment renouvelé.

Elles devront être, à cet effet, munies d'un conduit de ventilation d'au moins 4 décimètres carrés de section s'ouvrant dans la partie du plafond la plus éloignée de la devanture et s'élevant jusqu'au-dessus de la partie la plus élevée de la construction ou de tout autre moyen de ventilation.

La devanture devra être à claire-voie au moins sur un cinquième de sa surface.

Les murs et le sol seront revêtus de matériaux imperméables et imputrescibles.

Le sol sera disposé de manière à permettre de fréquents lavages ; la pente en sera réglée de manière à diriger les eaux de lavage vers un orifice muni d'une occlusion hermétique permanente, conduisant les eaux par une canalisation souterraine à l'égout. Cet orifice sera, en outre, muni d'un grillage pour arrêter la projection des corps solides.

Ces boutiques ne pourront servir dans aucun cas à l'habitation de nuit et ne devront renfermer ni soupentes, ni cabinets d'aisances, ni servir de passage aux gargouilles destinées à l'évacuation de tout ou partie de l'immeuble.

Les denrées alimentaires susceptibles d'être consommées sans cuisson ultérieure, exposées aux étalages ou mises en vente sur la voie publique, devront être protégées contre les poussières et contre les souillures.

Aucun étalage de denrées alimentaires ne pourra être établi à une hauteur moindre de 0 m. 60.

Art. 96. — Les locaux autres que les boutiques, c'est-à-dire les caves, sous-sols et resserres destinés à la préparation ou à la conservation des denrées alimentaires visées dans l'article précédent, devront être soumis aux mêmes prescriptions, sauf en ce qui concerne les devantures de boutiques.

Chapitre V. — De l'entretien des constructions

Art. 97. — Les murs, cloisons et plafonds seront entretenus de façon qu'il n'y ait jamais ni lézardes, ni crevasses pouvant donner passage à l'air extérieur ou à des infiltrations.

Art. 98. — Le sol des allées, vestibules, escaliers et couloirs à usage commun, le sol de tous les cabinets d'aisances, seront maintenus unis, sans trous ni défoncements d'aucune sorte. Le sol des cours ou courettes et des ruisseaux sera toujours dressé de manière qu'il ne s'y forme aucun dépôt ou cloaque.

Art. 99. — Les tuyaux de fumée seront visités, essayés et réparés chaque fois qu'il sera utile.

Ils seront ramonés au moins une fois chaque année.

Art. 100. — Toutes les façades sur rue ou sur cour seront mises en état de propreté au moins tous les dix ans.

Si ces façades sont enduites en plâtre, elles seront repeintes ou badigeonnées après nettoyage.

Art. 101. — Les façades sur courette et cours de cuisines, les parois peintes des allées, vestibules, escaliers et couloirs à usage commun seront lessivés au moins tous les dix ans.

Si ces façades sont enduites en plâtre, elles seront repeintes ou blanchies à la chaux. Les grillages et couvertures vitrées posés sur les cours, cours de cuisines ou courettes, seront toujours accessibles et maintenus en bon état de propreté.

Art. 102. — Les murs, plafonds et boiseries des cabinets d'aisances à usage commun seront blanchis ou lessivés chaque année et repeints au minimum tous les cinq ans.

Art. 103. — Dans chaque courette sera établie une bouche d'arrosage sur laquelle pourra s'adapter une lance devant servir au nettoyage quotidien du sol et des murs. Une porte devra, dans tous les cas, permettre l'accès direct du sol de la courette. Quand la courette sera couverte à la hauteur du premier étage, la bouche d'arrosage sera établie sur les murs de la courette au-dessus de la toiture, sur laquelle sera réservé un accès direct et facile.

TITRE II

Prophylaxie des maladies contagieuses.

TRANSPORT DES MALADES

Art. 104. — Le transport des malades atteints de maladies transmissibles doit être effectué par le service des Ambulances municipales ou par des entreprises privées ayant un matériel spécialement affecté à cet objet, accepté et contrôlé par l'administration. La voiture dans laquelle a été transporté un de ces malades doit être désinfectée immédiatement après le transport.

Il est interdit de transporter des malades atteints de maladies transmissibles dans des voitures publiques. La voiture dans laquelle a été exceptionnellement transporté un de ces malades doit être désinfectée immédiatement après le transport.

DÉSINFECTION DES LOCAUX ET OBJETS CONTAMINÉS

Art. 105. — Pendant toute la durée de la maladie, les objets à usage domestique ou personnel du malade ou des personnes qui l'assistent, et qui peuvent être considérés comme pouvant servir de véhicule à la contagion, doivent être désinfectés dans le plus bref délai possible.

En aucun cas ils ne devront être disséminés dans l'appartement.

Art. 106. — Le nettoyage journalier de la pièce occupée par le malade et des objets qui la garnissent se fera exclusivement à l'aide de linges ou d'étoffes imprégnés de liquides antiseptiques.

Il est interdit de déverser aucune déjection ou sécrétion provenant d'un contagieux sur les voies publiques ou privées, dans les cours, courettes et jardins ou sur les fumiers.

Ces matières doivent être recueillies dans des vases spéciaux, désinfectées et jetées dans les cabinets d'aisances. Ceux-ci doivent être soigneusement désinfectés.

Art. 107. — Il est interdit, sans désinfection préalable, de secouer, battre ou exposer aux fenêtres et au dehors du logis, de laver ou de faire laver, de vendre, de donner ou de jeter aucun linge, vêtement ou objet quelconque, tapis, tenture, ayant servi au malade ou provenant de locaux occupés par lui.

Le linge souillé sera trempé dans une solution désinfectante avant d'être envoyé au blanchissage.

Les matelas ne pourront être soumis au cardage qu'après désinfection constatée.

Les objets de peu de valeur ayant été en contact avec le malade devront être détruits par le feu ou désinfectés par l'eau bouillante.

Art. 108. — Les locaux et les objets contaminés doivent être désinfectés après transport du malade, guérison ou décès. Les intéressés en justifieront à toute réquisition de l'Administration.

Dans les établissements publics ou privés recueillant à titre temporaire des personnes sans asiles, la désinfection du matériel leur ayant servi et des locaux occupés par elles sera pratiqué chaque jour.

Art. 109. — La désinfection sera pratiquée, soit par les services publics, soit par les particuliers, dans les conditions prescrites par l'art. 7 de la loi du 15 février 1902, notamment en ce qui concerne l'approbation préalable des procédés par le Ministre de l'Intérieur.

Art. 110. — Les appareils et procédés de désinfection employés à la désinfection obligatoire sont soumis à une surveillance permanente exercée par le bureau d'hygiène de la ville de Paris (Préfecture de la Seine).

L'emploi de ces appareils et procédés sera suspendu, à titre temporaire ou définitif, s'il est établi qu'ils ne réalisent plus les conditions prévues par le certificat de mise en service ou que les détériorations constatées ne permettent plus leur fonctionnement normal.

Art. 111. — Lorsqu'une personne sera présumée morte des suites d'une des affections visées par l'art. 4 de la loi, la déclaration du décès devra être faite et reçue à la mairie sans aucun retard.

La visite du médecin de l'état civil devra suivre cette déclaration dans le plus bref délai.

Si le certificat de visite mentionne l'urgence de la mise en bière, le maire l'ordonnera immédiatement et prendra les mesures nécessaires pour que l'inhumation ait lieu au plus tôt.

Le linceul dans lequel le corps devra être enveloppé sera, au préalable, trempé dans une solution antiseptique.

La bière, qui devra être étanche, contiendra, sur une épaisseur de 5 à 6 centimètres, un lit de mixture absorbante et antiseptique.

Si le décès a eu lieu à la suite d'une maladie dont la déclaration est obligatoire, le maire le mentionnera sur le permis d'inhumer sans indication du nom de la maladie, et cette mention sera reproduite sur le registre d'entrée du cimetière.

DISPOSITIONS GÉNÉRALES

Art. 112. — Les dispositions du présent arrêté sont applicables à tout le territoire de la commune et aux établissements et édifices publics, écoles, bâtiments hospitaliers, casernes, administrations publiques, etc.

CHAPITRE II

SALUBRITÉ DES CONSTRUCTIONS RURALES

Situation et orientation des constructions rurales. —
Choisir un terrain *légèrement en pente* et mettre la
façade des bâtiments et écuries au midi ou au sud-
ouest ; les hangars ou remises ainsi que la fosse à
fumier seront derrière les bâtiments, c'est-à-dire au
nord.

Le sol sur lequel sont construits les bâtiments ne
doit être ni marécageux ni humide ; en ce cas, il fau-
drait l'assainir d'abord par des *drainages* ou *surélever*
le rez-de-chaussée sur des caves en pierres à bain de
ciment avec enduits en ciment. L'emplacement d'une
ferme doit être choisi autant que possible au centre
du domaine, afin de faciliter les transports vers tous
les points de la propriété.

Les écuries ou étables doivent être aérées par des
châssis ouvrants, placés au-dessus des animaux et
disposés de manière à former des courants d'air. Les
sols et murs ne doivent pas être humides ; l'écoulement des urines et eaux de lavage doit être facile et
rapide.

Ecuries. — Largeur accordée à 1 cheval : 1 m. 75. Longueur de la crèche au chemin de service, 2 m. 45 ; chemin de service, 1 m. 50 ; total, 3 m. 95. Plancher imperméable, résistant aux chocs, incompressible et non glissant, pente de 15 à 20 millimètres dans le sens du cheval et 2 à 3 centimètres pour rigole derrière les animaux. Porte : largeur, 1 m. 20 à 1 m. 50 ; hauteur, 2 m. 20 à 2 m. 50. Hauteur de l'écurie, 2 m. 50 à 3 mètres.

(Les dimensions ci-dessus de même que celles ci-après sont des *minima* que l'on a tout avantage à dépasser pour assurer le bien-être aux animaux.)

Etables. — Largeur donnée par tête : 1 m. 35 à 1 m. 40. Largeur de la vacherie : 0 m. 45 à 0 m. 50 pour crèche ; 2 m. 20 à 2 m. 40 pour l'animal ; total : 2 m. 90 pour l'animal ; 1 mètre, couloir de service en tête des auges et 1 m. 10, passage entre les animaux.

Bergeries. — 2/3 de mètre carré pour un animal de taille moyenne ; 1 mètre carré pour grande taille ; 0 m. 60 par agneau. Longueur de la crèche : 0 m. 40 à 0 m. 50 par tête.

Porcheries. — Surface des loges : 3 mq. 20 pour une truie et sa portée ; 2 mètres carrés à 2 mq. 50 pour une truie seule ou un porc à l'engrais ; 3 mètres carrés pour un verrat. Plancher imperméable, présentant une pente supérieure à 0 m. 03 par mètre. Murs de séparation des loges : 1 m. 20 de hauteur. Auges encastrées dans ces murs, de manière à distribuer la nourriture du dehors. Sortie sur cour avec bassin.

Granges. — La hauteur ne doit jamais dépasser 7 mètres.

Greniers à grains. — Le grain ne doit pas être placé sur plus de 0 m. 60 à 0 m. 70 de hauteur. Il faut donc calculer la surface des greniers suivant le cube des grains que l'on prévoit, en admettant une hauteur maxima des tas de 0 m. 70.

Caves. — Températ. 10 à 15° ; au-dessus, le vin vieillit vite ; au-dessous, le vieillissement est très lent, mais le parfum du vin est très délicat. Ne pas produire d'alternative brusque de chaud et froid. Soupiraux au nord. Sol imperméable en ciment si possible ; recouvert de sable sec dans cas contraire. Voûte. Emplacement sain, isolé des forts roulages, qui font remonter les lies dans le vin, et des égouts, fosses à fumier, à purin, d'aisance. Toujours très propres. Détruire les moisissures et végétations cryptogamiques sur les murs, voûte et sol par des badigeonnages à la chaux. La formule suivante donne aussi de bons résultats.

```
Chaux vive ..................... 10 kgr.
Chlorure de chaux.........  ...... 1 kgr.
Sulfate de cuivre ............. 1 kgr. 500
Eau........................ 200 litres
```

Répandre au pulvérisateur. Un homme badigeonne avec le pulvérisateur « Eclair » 300 mètres par jour.

Cellier. — Sert à la fois de local pour la préparation et la conservation du vin dans le Midi. Sera adossé contre un monticule au nord quand on le pourra. Le plus grand axe doit faire dans la direction S.-E. avec la ligne S.-N., un angle de 20° environ. Dimensions varient avec importance du vignoble. En largeur, chaque foudre de 300 à 400 hectolitres exige de 3 m. 50 à 4 mètres, plus 50 centimètres des foudres à la muraille. Couloir central aura au moins 4 mètres, soit 12 à 13 mètres de largeur totale. Longueur fixée d'après le nombre des foudres. Pour 5.000 hectolitres, il faudra 12 foudres de 400 hectolitres plus 1 pour décuvage et soutirage, 2 pressoirs et la porte centrale tenant chacun la place d'un foudre, soit la place de 16 foudres dont 8 de chaque côté. Chacun d'eux exige 3 m. 50 à 4 mètres, plus 30 centimètres d'intervalle, soit 3 m. 80 à 4 m. 30 pour chaque foudre.

Température la plus convenable pour les divers locaux.

Ecurie	16 à	18°
Vacherie de travail	12 à	17°
— de lait	15 à	21°
Bergerie	10 à	12°
Porcherie	12 à	17°
Laiterie en été	12 à	15°
— en hiver	15 à	18°
Cellier pour pommes de terre	6 à	7°
Silos de betteraves	3 à	5°

Epaisseur à donner aux murs.

1° Pour un bâtiment simple :

$$E = \frac{2L \times H}{48} \times 0,027 ;$$

2° Pour un bâtiment divisé en deux par un mur de refend :

$$E = \frac{L \times H}{48} \times 0,027$$

3° Pour les murs de refend, la maison ayant n étages

$$E = \frac{L \times H}{63} \times n + 0,013$$

E épaisseur du mur, L longueur du bâtiment, H hauteur du mur.

Dépense d'eau par jour. — Dans une ferme, 10 litres d'eau par homme, 40 litres par cheval, 30 litres par bœuf ou vache, 3 litres par porc, 2 litres par mouton. Dans les villes on compte 25 litres par personne ; 75 litres pour gros bétail ; 40 litres pour nettoyage d'une voiture à 2 roues ; 70 litres pour voitures à 4 roues ; 300 litres pour un bain.

CHAPITRE III

SALUBRITÉ DES EAUX POTABLES

Quelle que soit leur origine, les eaux contiennent des matières minérales en dissolution et quelquefois en suspension (eaux troubles), des matières organiques et des microbes ou *bacilles* plus ou moins utiles ou nuisibles à la santé de l'homme et des animaux. Elles contiennent aussi des gaz en dissolution : l'air et l'acide carbonique, dont la présence dans l'eau est nécessaire pour que celle-ci soit salubre et digestive : les gaz carburés et sulfurés étant, au contraire, nuisibles à la santé.

Selon leur provenance et la nature des couches de terrain qu'elles ont traversées, les eaux transportent les éléments ci-dessus énumérés dans des proportions extrêmement variables.

Les eaux des puits ne présentent en général que peu de microbes et de matières organiques, elles sont limpides et ne retiennent pas de boues en suspension, car elles se sont filtrées à travers les couches de sable qu'elles ont traversées ; mais, en revanche, elles sont chargées de sels calcaires, siliceux ou magnésiens en dissolution, ce qui les rend *crues* et impropres à la cuisson des légumes ou au blanchiment du linge ; cet excès de matières minérales n'est pas des plus avantageux pour l'estomac et l'on accuse les eaux fortement calcaires de provoquer le goître et d'autres infirmités désagréables.

Les eaux souterraines contiennent quelquefois des sels de fer, de soude, de potasse, etc., en dissolution, ainsi que de l'acide carbonique qui les rend gazeuses ; ce sont alors des eaux minérales, propres au traitement de certaines maladies, mais difficilement acceptables pour la consommation journalière.

Les eaux des rivières sont beaucoup moins riches que les eaux de puits en solutions salines, mais elles contiennent des matières minérales ou organiques en suspension, ce qui les rend troubles et, par surcroît, une quantité souvent considérable de bacilles fort dangereux, parmi lesquels ceux de la fièvre typhoïde, du choléra, le bacille *coli* et beaucoup d'autres espèces moins dangereuses, mais cependant nuisibles à la santé de l'homme.

Presque toujours les eaux qui semblent les plus limpides contiennent une quantité plus ou moins forte de microbes.

Par exemple, à Paris, d'après les analyses de M. Miquel, directeur de l'Observatoire de Montsouris :

L'eau de la Vanne contient environ 1.100 microbes par cmc.
   — de la Dhuys   —   — 3.950   —   —
   — de l'Avre   -   — 1.525   —   —
   — de l'Ourcq   —   — 74.850   —   —
   — de la Marne   — 80.580   —   —
La Seine, à son entrée à Paris, en contient 75.000.

L'eau de la Seine, à la prise d'eau de Suresnes, qui alimente une partie de la banlieue de Paris, en contient 285.000.

A la campagne, et dans un grand nombre de villes, les eaux des puits, qui passent à tort pour être des eaux de source, ne sont le plus souvent que des eaux d'infiltration des terrains avoisinants, sur lesquels reposent des fosses, fumiers, etc.

Un grand nombre d'eaux minérales, d'après la communication de feu M. Moissan, membre de l'Institut, à l'Académie de Médecine, contiennent des quantités plus ou moins considérables de bacilles.

Certaines populations riveraines de cours d'eau pollués par le voisinage d'une grande ville, boivent journellement des eaux contenant plusieurs centaines de mille de microbes nuisibles par *centimètre cube*. La fièvre typhoïde y règne alors en permanence.

Il arrive fréquemment dans nos campagnes qu'un puits se trouve infecté, sans qu'on s'en doute le moins du monde, par les infiltrations sournoises d'une fosse à purin, d'un fumier ou de latrines établies en terrain trop perméable ; cet accident se traduit généralement par l'apparition de la fièvre typhoïde ou tout au moins de dérangements intestinaux, de diarrhées. de paludisme, dans la famille qui boit l'eau du puits contaminé.

J'ai vu le cas en question dans une campagne où se trouvait un puits excellent, tellement réputé aux alentours que les voisins venaient y remplir leurs carafes d'eau à l'heure des repas. L'eau de ce puits était fraîche et saine sous tous les rapports. Un beau jour, le chef de famille est atteint d'une fièvre typhoïde très grave dont il mourut après une huitaine de jours. Une semaine plus tard on enterrait sa femme, morte aussi de la fièvre typhoïde et on eut toutes les peines du monde à sauver un de leurs ouvriers de la terrible maladie. Je fis des recherches pour découvrir la cause de ce désastre et ayant fait analyser l'eau des puits de la maison, je trouvai le fameux puits horriblement infecté. La cause en était l'infiltration de boues organiques provenant de la clarification des vins au moyen du sang de bœuf frais. Ces lies de vin avaient été répandues en grande quantité dans un égout voisin du puits, où elles s'étaient putréfiées et répandaient une odeur nauséabonde. De là elles avaient pénétré dans le puits.

L'épuration et la stérilisation des eaux d'alimentation devraient être l'une des premières préoccupations du chef de famille rural. Dans les villes, les commissions d'hygiène agissent pour la masse de la population ; à la campagne nous devons veiller seuls sur notre santé et nous méfier de l'eau, car elle est le véhicule des plus graves maladies comme nous venons de le voir.

Pour être complète, l'épuration de l'eau devra comprendre d'abord la clarification qui la débarrassera des matières minérales ou organiques en suspension, ensuite un traitement chimique pour précipiter les sels minéraux en dissolution, enfin une filtration ou stérilisation qui la débarrassera des microbes nuisibles.

Ces trois opérations sont nécessaires, car il faut se rappeler que si la limpidité, la bonne saveur et l'absence d'odeur d'une eau sont des indices favorables, elles ne prouvent rien au point de vue de sa salubrité microbienne.

Dans la pratique, et pour l'épuration satisfaisante des eaux destinées à la consommation d'une famille à la campagne, il faut donc chercher un procédé qui réalise le plus simplement possible la solution de ces trois questions.

Comment on reconnaît une eau potable. — L'eau, pour être propre à la consommation de l'homme et des animaux, doit satisfaire aux conditions suivantes :

1º Elle doit être *fraîche, aérée, limpide, incolore,* et *sans odeur.*

2º Elle ne doit contenir ni *organismes vivants,* larves ou microbes, ni *matières organiques* en voie de décomposition, ce qui la rendrait putrescible.

3º L'eau doit avoir une saveur faible, ni fade, ni douceâtre, ni salée. Les eaux contenant trop peu de matières minérales, les eaux distillées ne contenant pas de gaz dissous, sont fades, désagréables au goût, et d'une digestion pénible. (En ce dernier cas, l'eau doit être *aérée* artificiellement, ce qui lui permet de dissoudre environ 30 centimètres cubes de gaz, oxygène, azote et acide carbonique par litre.)

4º L'eau potable dissout le savon sans faire de grumeaux et cuit bien les légumes. Dans le cas contraire, l'eau contient une trop forte proportion de sels minéraux en dissolution.

L'eau de bonne qualité doit donner de 0 gr. 15 à 0 gr. 50 de résidu fixe par litre, après évaporation.

Flore et faune des eaux. — D'après les plantes et les animaux qui vivent dans l'eau, on peut juger de la qualité de celle-ci (1).

Dans les eaux très pures on trouve les animaux suivants :

Poissons, crevettes, sangsues, larves de libellules et divers mollusques : *nérites, limnées, physes, unios* et des plantes telles que le *cresson de fontaine,* la *renoncule scélérate* ou *mort-aux-vaches,* l'*iris fétide,* le *jonc,* (juncus compressus), le *polygonum amphibium,* le

(1) On croit quelquefois que l'eau dans laquelle vivent beaucoup d'animaux, poissons, insectes, vers ou coquillages est malsaine ; au contraire, la présence d'êtres vivants dans une mare, un puits, un étang est une des meilleures preuves de la pureté de l'eau.

zanichellia palustris, l'herbe à mille feuilles (*myrio-phyllium spicatum*), le *carex*, etc.

Dans les eaux de bonne qualité, on trouve des *poissons*, des *larves d'éphémères* ou *vers rouges*, des *dytiques*, des mollusques tels que le *valvata piscinalis*, l'*ancylus lacustris*, le *paludina viviparia*, la *planorbe blanche* ; des plantes, comme le *cresson*, les *épis d'eau*, les *véroniques*, la *phragmite commune* ou *roseau à balais*.

Dans les eaux médiocres on ne trouve plus de poissons ni d'insectes, mais seulement des mollusques tels que les *limnées* (*ovata* et *stagnalis*) et des *planorbes* (*submarginatus* et *complanatus*).

Les plantes y sont les roseaux, les *patiences*, ciguës, menthes, salicaires, scirpes, joncs, nénuphars.

Dans les eaux très médiocres on trouve les *sangsues noires*, des mollusques tels que les *cyrènes* (*cyclas, cornéa*) les *bythinées* et le *planorbus corneus*.

La plante appelée *caret* s'y rencontre.

Enfin dans les eaux infectes, on ne voit aucun animal vivant et seulement quelques roseaux (*arundo phragmites*).

Aspect de l'eau. — Quand on regarde dans un puits ou une cavité quelconque contenant de l'eau pure, on remarque que cette eau est invisible et qu'elle ne réfléchit pas l'image du spectateur : on voit le fond et les parois du trou, mais *on ne voit pas l'eau*.

Ceci est un sérieux indice de la bonne qualité de l'eau dans laquelle on aperçoit alors les animaux cités plus haut.

Si, au contraire, l'image de l'observateur se reflète à la surface de l'eau dont l'apparence est miroitante et huileuse, c'est un indice que l'eau est chargée de matières minérales et organiques ; elle doit être tenue pour suspecte.

L'eau qui est *onctueuse* au toucher doit être considérée comme très impure.

Analyse de l'eau destinée à l'alimentation. — Mais les indices ci-dessus énumérés ne doivent pas faire négliger l'analyse chimique de l'eau par un spécialiste, si l'on conserve quelques doutes sur sa salubrité.

Cette analyse doit porter sur le *degré hydrotimétrique* de l'eau, c'est-à-dire sur sa teneur en matières minérales, et *principalement* sur les matières organiques et les *bactéries* ou microbes qu'elle contient et dont la présence est révélée par un examen microscopique, fait dans des conditions spéciales.

Nous ne pouvons pas entrer ici dans le détail des opérations qui constituent l'analyse complète d'une eau potable, mais nous ferons observer que cette analyse est d'une grande délicatesse et ne peut être faite sérieusement que par un chimiste outillé exprès pour ce genre de travail et en ayant une grande habitude.

Le prélèvement des échantillons d'eau destinés à l'analyse exige de minutieuses précautions ; il en est de même du transport de ces échantillons s'il s'agit d'une analyse bactériologiques. On demandera au chimiste chargé du travail les instructions nécessaires pour la prise des échantillons d'eau à analyser.

Le choix de l'opérateur ne devra donc pas être fait à la légère.

L'analyse indiquera la quantité et la qualité ou la nature des sels minéraux contenus dans l'eau, ainsi que celle des gaz dissous. Elle donnera sa teneur en matières organiques et le nombre des microbes contenus par centimètre cube : elle révélera la présence des bacilles dangereux de la fièvre typhoïde et d'autres maladies transmissibles par l'eau.

Le chimiste indiquera les traitements susceptibles d'améliorer l'eau, afin de la rendre saine ou tout au moins inoffensive.

Nous donnons ci-après, d'une manière générale, la marche à suivre à la campagne, pour s'approvisionner d'eau potable saine, par les procédés les plus simples et en dehors de toute intervention scientifique.

Choix de l'eau de consommation familiale. — 1º Si l'on dispose d'un puits dont l'eau présente les caractères de pureté énumérés ci-dessus, et spécialement possède la propriété de bien dissoudre le savon, en formant une mousse *abondante* et *persistante* et de bien cuire les légumes, on pourra consommer sans crainte cette eau qui, filtrée naturellement dans le sol, est excellente et exempte de microbes pathogènes. On devra préserver très soigneusement ce puits des infiltrations possibles du sol; à cet effet, les fosses d'aisances, fumiers, purins, seront éloignés autant que possible du puits.

Ces fosses devraient être toujours construites en pierres à bain de ciment, elles devraient toujours présenter une étanchéité et une *imperméabilité* absolues de façon que les liquides infects ne puissent pas pénétrer dans le sol, où ils risquent de s'épandre dans les nappes d'eau souterraines.

Ceci revient à dire que l'on doit condamner rigoureusement les vidanges dans les fosses perdues ou puits absorbants, comme il en existe beaucoup dans nos campagnes. Les matières d'une fosse d'aisances constituent un engrais, qui se perd dans un puits absorbant, sans utilité pour l'agriculture, tandis qu'elles créent un danger pour la santé des habitants de la ferme et des alentours.

Il est plus sage de construire des fosses étanches

pour les vidanges et le fumier ou le purin ; les liquides en sont ensuite extraits avec une pompe ou avec des seaux et servent à l'amélioration des cultures (Voir volume XII).

2º Si les puits de la région ne fournissent qu'une eau chargée de sels calcaires ou autres produits minéraux, ce qui se reconnaît à la formation des grumeaux de savon et au durcissement des légumes à la cuisson (spécialement haricots et pois), on devra se procurer l'eau de boisson, soit avec une citerne, en recueillant les eaux pluviales tombées sur les toits des bâtiments, soit en filtrant de l'eau de rivière.

3º L'eau de citerne est saine quand elle est recueillie sur des toits propres ; c'est-à-dire qu'il faut nettoyer ceux-ci des mousses et autres végétations et veiller aussi à ce que les gouttières et chéneaux ne s'encrassent pas.

Le plomb ne doit pas être employé dans la construction des toits ou gouttières, mais seulement le zinc, le fer blanc ou la fonte, qui ne risquent pas de produire dans l'eau des sels toxiques.

La citerne est construite en pierres ou briques à bain de ciment et voûtée en pierres, parfaitement étanches, pour éviter les infiltrations du sol (Voir volume XII).

L'absence d'air et de lumière dans les citernes est favorable à la bonne conservation de l'eau qui s'y repose en se débarrassant des impuretés qu'elle aurait pu entraîner des toits.

Le curage d'une citerne doit être fait une fois par an et suivi du lavage de ses parois, et surtout de son fond, avec de l'eau additionnée d'un dixième d'acide sulfurique.

4º Si l'on se trouve à proximité d'une rivière ou d'un canal, on peut obtenir une eau très saine en creusant un puits à une certaine distance de la rive, soit à au moins 15 ou 20 mètres ; l'eau de la rivière arrive dans ce puits par filtration naturelle à travers les couches perméables du terrain sablonneux qui constituent le plus souvent le lit. Elle se débarrasse ainsi de toutes les matières en suspension et même d'une grande partie des microbes qu'elle peut contenir (Voir à ce sujet ce qui est dit à propos des *puits instantanés*, volume XII).

5º Enfin si l'on ne dispose que d'eaux de rivière, de mares ou d'étangs sans filtrage naturel possible, il faut les stériliser ou tout au moins les purifier par l'un des procédés ci-après.

CHAPITRE IV

ÉPURATION DES EAUX. FILTRES

Stérilisation par la chaleur. — L'eau portée à l'ébullition à l'air libre, perd d'abord les gaz qu'elle contient en dissolution, ce qui favorise le dépôt des matières minérales ; en outre la chaleur de 100 degrés tue la majeure partie des microbes si l'ébullition est prolongée pendant 15 à 20 minutes. Si l'on emploie un appareil permettant de chauffer l'eau en *vase clos* à la température de 120 degrés (2 atmosphères de pression), on a la sécurité d'avoir détruit radicalement tous les microbes.

Il existe dans le commerce des appareils permettant la stérilisation continue de l'eau, avec récupération de la chaleur de l'eau chauffée, de telle sorte que l'eau impure entre froide dans l'appareil et que l'eau stérilisée en sort à peu près froide ; ces appareils fonctionnent avec ou sans pression ; ils sont économiques par suite de l'emploi raisonné de la chaleur du combustible et recommandables quand on ne dispose que d'eau notoirement contaminée et dangereuse. Les figures 1 et 2 montrent le stérilisateur Lepage cons-

truit sur ce principe et dont voici le mode de fonctionnement.

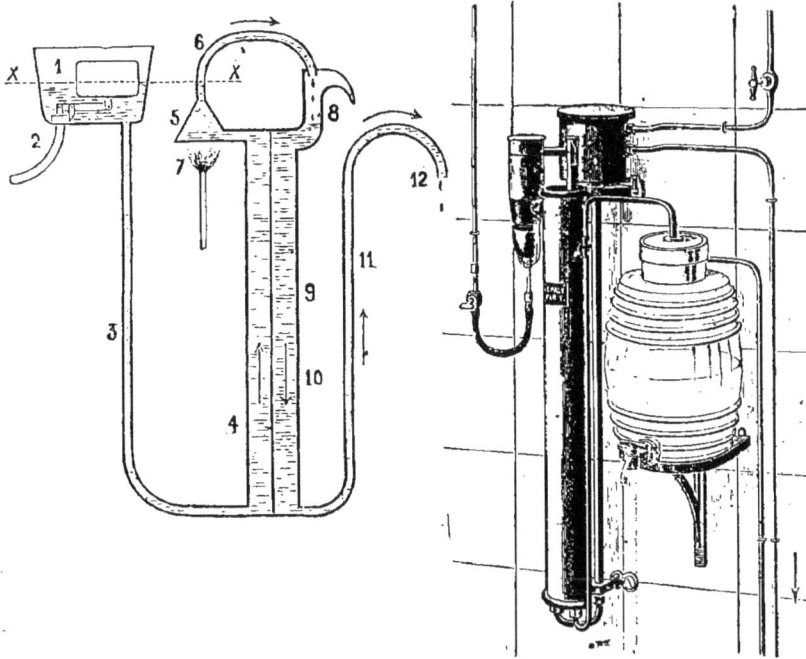

Fig. 1 et 2.
Stérilisateur Lepage.

L'eau impure remplit le réservoir (1) qu'alimente une conduite (2) d'eau. Le niveau de l'eau XX est maintenu constant
dans ce réservoir, grâce à un flotteur et à un trop plein. L'eau
descendant par le tuyau (3), remplit le compartiment (4), puis
le petit bouilleur (5), et s'arrête à un niveau XX. Si on appro-
che de ce bouilleur une source de chaleur quelconque (7),
bec de gaz ou lampe à alcool, l'eau du bouilleur entre en ébullition, et un mélange de vapeur et d'eau bouillante, montant
par le tuyau (6), vient se déverser en (8), où l'eau arrive stérilisée.

La différence de niveau entre XX et le sommet du tuyau (6)
est calculée de façon que l'eau ne puisse le franchir que sous
le coup d'une ébullition légèrement tumultueuse, de sorte
que l'eau arrivant en (8) ait forcément passé par une température de 100°. Mais en même temps cette différence de niveau est assez faible pour que le temps d'ébullition soit très

court, quelques secondes à peine de façon que l'eau n'ait pas le temps de perdre les gaz dissous.

L'eau stérilisée s'accumule dans le compartiment (9) puis dans le siphon (11) ; quand le niveau s'est assez élevé pour atteindre le sommet du siphon, l'eau sort par l'extrémité (12) ; on la recueille dans un récipient quelconque.

Il faut remarquer qu'à mesure que l'eau en ébullition s'échappe par le petit tuyau (6), elle est immédiatement remplacée dans le bouilleur, puisque le niveau XX est maintenu constant par le flotteur du premier récipient ; l'opération est régulière et la circulation de l'eau dans l'appareil se fait sans brusquerie.

La cloison (10) de séparation des deux compartiments (4) et (9) présente une grande perméabilité à la chaleur, et facilite l'échange de température entre l'eau non stérilisée froide du compartiment (4) et l'eau stérilisée chaude du compartiment (9) ; l'eau froide s'échauffe donc petit à petit en montant vers le bouilleur de façon, quand elle y arrive, à être déjà très chaude ; en revanche l'eau arrivant bouillante dans le compartiment (9) perd de sa chaleur en descendant dans ce compartiment de manière à arriver complètement froide dans le siphon (11).

La stérilisation de l'eau coûte 0 fr. 05 pour 40 litres d'eau.

L'eau stérilisée doit être *aérée* en la laissant tomber en minces filets dans un courant d'air, elle est alors pure et agréable à boire, car elle a ainsi récupéré les gaz perdus pendant l'ébullition.

Filtrage au charbon de bois. — L'emploi du *charbon de bois* pour le filtrage et l'épuration des eaux est depuis longtemps connu pour un des meilleurs procédés d'amélioration des eaux stagnantes. Le charbon de bois calciné possède en effet la propriété d'absorber les gaz carburés et sulfurés nuisibles à la santé, qui se trouvent généralement dans les eaux croupies (1) et de retenir les matières organiques de l'eau.

On peut constituer très économiquement un filtre

(1) Seul le charbon de bois jouit de ces propriétés filtrantes et absorbantes qu'il doit à sa grande porosité, aucune autre espèce de charbon ne saurait donc le remplacer pour le filtrage des eaux impures.

au charbon de bois avec un tonneau dont le fond supérieur est enlevé (fig. 3).

Le fond inférieur est percé d'un grand nombre de
petits trous destinés à l'entrée de l'eau. On place alors
une couche de fin gravier et une couche de sable fin et
propre de 15 centimètres d'épaisseur environ. Sur ce

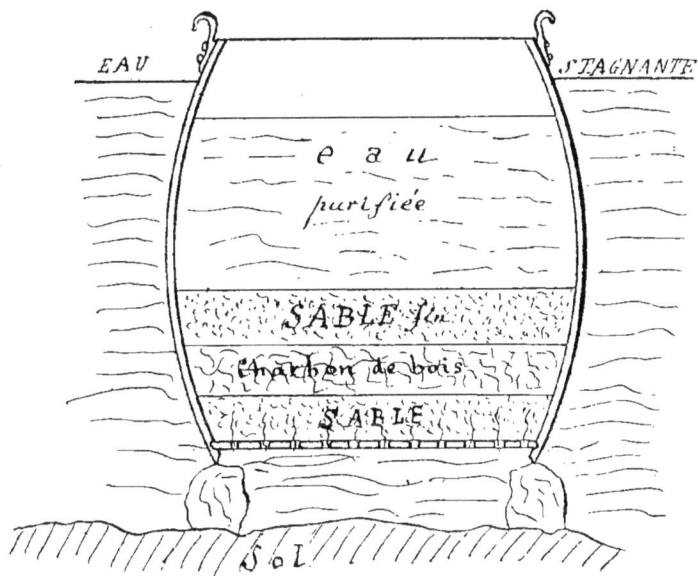

Fig. 3.

sable on fait, avec des petits morceaux de charbons
de bois, une couche de 15 centimètres d'épaisseur ;
puis on recouvre d'une couche de sable de 15 centimètres.

Le tonneau se trouve ainsi rempli à peu près à la
moitié ; il est plongé dans l'eau à purifier de manière
que celle-ci ne puisse pas entrer.

Il faut remarquer que la filtration est plus efficace
si la masse de charbon est constituée par un mélange
de morceaux de différentes grosseurs variant du volume d'une petite noix à celui d'un grain d'orge.

Il serait évidemment préférable de remplacer le tonneau en bois par un récipient en tôle galvanisée

ÉPURATEUR
AU CHARBON
à grand débit

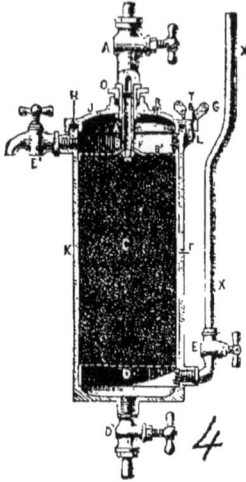

BATTERIES
à plusieurs bougies

3 bougies.	300 litres
5 —	500 —
7 —	750 —
15 —	2000 —
21 —	3000 —

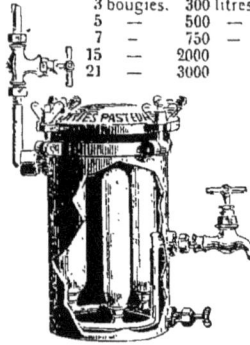

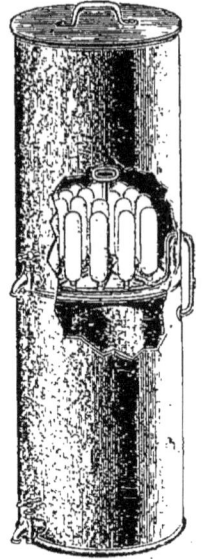

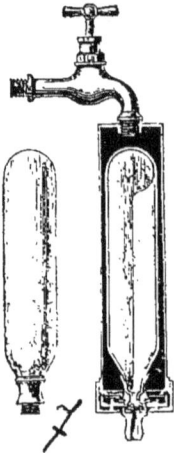

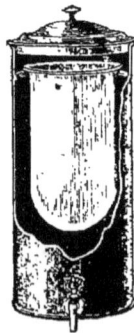

Entonnoir
sur Carafe

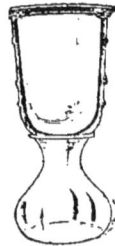

FONTAINE
en tôle

Fig. 4 à 10.

ou en ciment armé ou maçonné, le bois étant sujet à la pourriture qui peut à la longue rendre l'appareil *inefficace*.

L'eau filtre lentement au travers des couches de

sable et de charbon et arrive pure au-dessus d'elles, où on la puise.

Il faut vider le sable et le charbon tous les trois ou six mois, selon le degré d'impureté de l'eau et les remplacer par des matériaux neufs. Le charbon ayant servi dans le filtre est encore bon à brûler, ce filtre ne coûte donc à peu près rien, que les frais de main-d'œuvre.

On trouve dans le commerce des appareils tout construits pour le filtrage sur charbon de bois (filtres Philippe, filtres Maillié, fig. 4).

Filtrage sur des matières poreuses. — Le filtrage des eaux à travers des pierres à grain très fin et spécialement des plaques ou des *bougies* de porcelaine poreuse, arrête la presque totalité des microbes et toutes les matières en suspension, quand le filtre est bien établi et très propre.

On trouve dans le commerce un grand nombre d'appareils filtrants reposant sur ce principe, depuis les *fontaines filtrantes* ou fontaines de ménage jusqu'aux filtres à bougies de porcelaine *système Pasteur*.

Avec tous ces appareils, les matières organiques et les bacilles eux-mêmes finissent par pénétrer dans la masse du corps filtrant et à le traverser.

Il est donc nécessaire de nettoyer fréquemment la surface filtrante en la brossant et même de la stériliser soit par calcination, soit par l'emploi de produits chimiques oxydants tels que le *permanganate de potasse* qui détruit les organismes dans les pores du corps filtrant.

L'usage de ce dernier sel pour la désinfection de ces filtres est à recommander : on fait une solution à 10 p. 1000 que l'on introduit dans le filtre ; cette solution a une belle couleur violette ; quand l'eau de filtrage

4

sort incolore c'est que tout le permanganate est évacué et que l'eau peut être de nouveau consommée.

On doit aussi s'assurer que les bougies ou plaques filtrantes ne sont ni fêlées ni cassées, une seule fente suffisant à compromettre la stérilisation de toute l'eau filtrée.

Pour qu'un filtre soit acceptable, il doit réaliser trois conditions essentielles en dehors desquelles les filtres sont dangereux et deviennent de véritables foyers d'infection au lieu d'être des instruments sanitaires.

Ces trois qualités *obligatoires* sont les suivantes :

1º La matière filtrante doit être imputrescible et insoluble dans le liquide à filtrer ;

2º Elle doit être imperméable aux microbes dangereux ;

3º Le filtre doit pouvoir être fréquemment nettoyé et désinfecté ou stérilisé.

Cette dernière condition implique la facilité de démontage des *pierres* ou bougies filtrantes et leur parfait remontage après nettoyage, brossage et stérilisation.

Il est évident que le choix du corps poreux au travers duquel s'opère le filtrage et, par suite, la stérilisation de l'eau, a une très grande importance : l'arrêt des bacilles vivants ne saurait se faire qu'à condition que les pores filtrants soient très petits (filtres Chamberlain, Maillié, etc.) (fig. 5 à 10).

Épuration par procédés chimiques. — La quantité et la qualité des sels minéraux contenus dans une eau ayant été déterminées par une analyse chimique, on en déduira les quantités des réactifs nécessaires à la précipitation de ces sels ; ces réactifs sont généralement et selon le cas la *chaux vive*, le *bicar-*

bonate et le *carbonate de soude*, l'*alun* (ce dernier corps formant une boue gélatineuse qui entraîne au fond les bactéries), enfin certains sels de fer qui ont une action parfaitement destructive des microbes de l'eau.

Le chimiste seul peut donner des explications sur l'emploi des réactifs, selon les résultats de l'analyse.

Il est facile cependant d'améliorer les eaux impures en les filtrant sur une couche de sable fin, puis en les faisant passer sur des copeaux de fer qui produisent, par leur action chimique avec l'eau, une véritable stérilisation. L'eau ainsi traitée est de nouveau filtrée sur une couche de sable d'où elle sort très pure. Ce procédé est appliqué en grand pour l'alimentation de plusieurs villes de Belgique.

La filtration des eaux traitées exige des filtres à grande surface filtrante dont nous décrivons ci-dessous un système intéressant.

Filtration sur tissu (*Filtres Philippe*). — L'organe filtrant est constitué par la surface d'un tissu dont la texture est en rapport avec la nature de l'eau à épurer.

Le procédé de filtration à travers une couche mince (tissu ou **autre partie**), a été imposé par l'obligation où l'on se trouvait parfois de renoncer au procédé coûteux de la filtration à travers une masse obtenue par la superposition des couches de matières filtrantes.

Ce dernier moyen exige l'emploi d'appareils de volume considérable, qui, d'ailleurs, en dehors de cette considération, ne conviennent pas toujours au travail projeté, soit que l'organisation de l'installation ne permette pas d'obtenir la pression assez élevée nécessaire au bon fonctionnement de l'appareil, soit que le débit désiré n'exige pas une installation dispendieuse.

Par contre, l'appareil dit *filtre à poches en tissu* doit donner satisfaction à plusieurs desiderata, dont les p'us importants sont :

a) Réunir sous un petit volume une surface filtrante considérable (fig. 11 et 12).

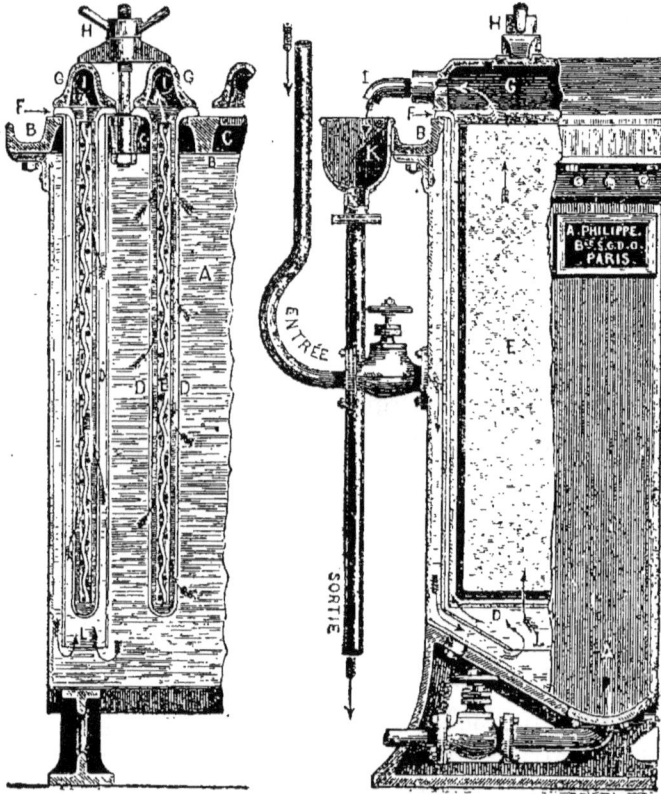

Fig. 11 et 12. — Coupe du filtre Philippe, filtrant sur tissus spéciaux.

b) Pouvoir fonctionner sous de faibles pressions.

c) Assurer la séparation constante du liquide filtré et de l'eau à filtrer.

d) Permettre le contrôle du travail de filtration.

e) Etre d'une manipulation facile et posséder une robustesse et une étanchéité irréprochables.

Filtre « Lutèce » au permanganate de chaux. — Nous parlerons aussi du procédé au *permanganate de chaux* imaginé par MM. Girard et Bordas et appliqué dans le filtre épurateur *Lutèce* de M. E. Trouette,

Le permanganate de chaux, à la dose de 1 à 2 centi-

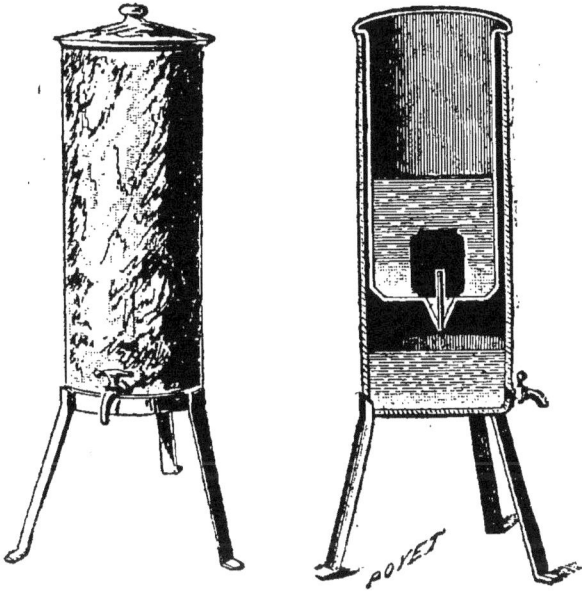

Fig. 13 et 14.

grammes par litre d'eau, *brûle* toutes les matières organiques et les bacilles, en se décomposant en oxyde de manganèse et en sels de chaux qui se déposent au fond du filtre ; l'eau stérilisée passe à travers un bloc de charbon et de bioxyde de manganèse agglomérés, qui achèvent la décomposition du permanganate de chaux ; on livre ainsi à la consommation une eau parfaitement stérilisée et saine ne contenant aucune trace des éléments du permanganate de chaux ajouté avant l'opération.

Ce filtre est très simple et très efficace (13 et 14).

Enfin, comme désinfectant de l'eau de boisson, on a recommandé aussi l'emploi de l'acide citrique ; à la dose d'un gramme par litre, il arrête le développement des bacilles de la fièvre typhoïde et du choléra.

Tels sont les procédés les plus pratiques pour s'assurer une eau salubre pour la consommation familiale à la campagne. Il faut observer que leur application raisonnée n'occasionne que des dépenses insignifiantes, pouvant s'évaluer *au plus* à quelques centimes par jour ; c'est un léger sacrifice à faire pour préserver toute la famille des maladies les plus dangereuses qui soient et il serait bon de voir mieux connues et appliquées ces règles élémentaires d'hygiène (1).

Epuration biologique. — Filtres à sable non submergé. — M. Léon Janet, ingénieur des Mines, avait remarqué depuis longtemps que les sources alimentées par des eaux ayant traversé des terrains sableux étaient d'une pureté exceptionnelle.

M. le docteur Miquel, directeur du service micrographique de l'Observatoire de Montsouris, a fait de cette question une étude approfondie. Il créa les filtres à sable non submergé dans lesquels l'eau ne noie jamais la matière filtrante, comme dans tous les filtres en usage jusqu'à ce jour, mais n'est distribuée à la surface qu'à mesure qu'elle est absorbée. Ces filtres donnent une épuration absolue.

Voici des extraits des mémoires publiés par M. Miquel et M. Mouchet, assistant du même service, dans les *Annales de l'Observatoire de Montsouris* et dans la *Revue Scientifique.*

(1) Observons ici que l'eau contaminée n'est pas seulement dangereuse comme boisson, mais qu'elle ne doit pas être employée pour le lavage des légumes ou les soins de la bouche et des dents. On devra donc n'employer pour ces usages que de l'eau purifiée comme si elle devait être bue.

« C'est dans le but de trouver un procédé de purification mécanique des eaux, simple, automatique, facile à appliquer partout, que tendent depuis trois ans nos efforts journaliers. Nous avons aujourd'hui la satisfaction de constater que nos recherches n'ont pas été inutiles et que le problème que nous nous étions posé peut être considéré comme résolu...

« Les bacilles du colon, d'Eberth, les spirilles analogues à ceux du choléra asiatique introduits en grand nombre dans l'eau brute sont entièrement retenus dans les couches supérieures du filtre où ils disparaissent, au bout d'un temps plus ou moins long, sans être parvenus dans les eaux filtrées ; il en est de même des bactéries de la putréfaction et d'autres microbes saprogènes qui ne peuvent vivre et prospérer dans les eaux pures...

« Pour abréger, nous dirons seulement que les espèces introduites par millions par centimètre cube d'eau brute n'ont pu être retrouvées dans les eaux épurées surveillées à cet égard pendant de nombreuses semaines...

« Dans plusieurs essais, nous avons porté le nombre des germes à plus d'un million par centimètre cube en faisant putréfier de la chair musculaire de bœuf dans le réservoir distributeur de l'eau à épurer. Par la même occasion, nous avons pu constater que cette eau, devenue putride et nauséabonde, non seulement se débarrassait de toutes ses bactéries en traversant le sable, mais encore se désodorisait entièrement...

« Nous n'avons pas à insister dans cette courte note, sur les services que les filtres à sable non submergé peuvent rendre aussi bien aux collectivités importantes d'habitants, qu'aux familles qui n'ont pour s'alimenter que des eaux réputées suspectes. »

Pour réaliser l'alimentation du filtre à sable *non submergé*, de façon que l'eau n'arrive sur le sable qu'au fur et à mesure que la filtration se produit et sans que le sable soit jamais *noyé*, M. Gaultier a inventé les *dispositifs automatiques* représentés par nos gravures.

La figure 15 est un filtre construit en maçonnerie ou en ciment armé ; la figure 16 montre un filtre construit en tôle galvanisée, portatif.

Voici comment fonctionnent ces appareils.

L'eau brute, provenant soit d'un réservoir en élévation de quelques centimètres sur le filtre, ou d'une conduite d'eau sous pression et raccordée au tuyau E d'alimentation de l'appareil, est amenée au filtre B,

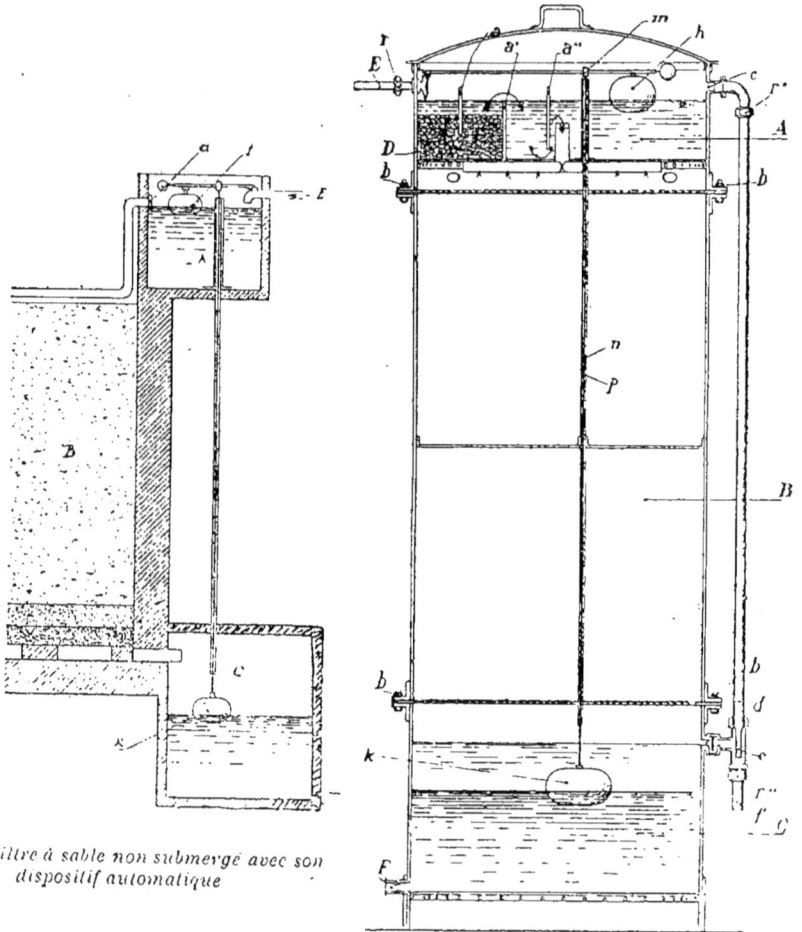

Filtre à sable non submergé avec son dispositif automatique

Fig. 15 et 16.

par l'intermédiaire du réservoir de distribution A (fig. 15).

La régularité de cette distribution est assurée par un diaphragme *d*, calculé pour le degré d'absorption maximum du sable et en vue du bon fonctionnement du filtre.

Aussitôt le réservoir d'eau filtrée C plein, le flotteur d'arrêt k fermera automatiquement l'alimentation du filtre ; la disposition du flotteur k est telle que l'eau en période de filtration dans l'appareil trouve place dans le réservoir C

Quand on fera une prise d'eau filtrée le niveau baissera dans le réservoir C et l'eau brute recommencera à venir alimenter le filtre.

La dimension de ce réservoir en eau filtrée peut être très petite car il ne sert en quelque sorte que de volant pour la marche continue de l'appareil.

Le flotteur f du haut a pour but d'arrêter l'alimentation de l'eau brute dans le cas ou le débit donné par une pression X serait supérieur au débit du diaphragme.

Le fonctionnement de l'appareil amovible, fig. 16, est identique, mais le constructeur y a adjoint un *dégrossisseur* D rempli de gros sable que l'on remplace tous les ans ou plus souvent si l'eau est bourbeuse.

CHAPITRE V

SONNETTES D'APPARTEMENTS. — CORDONS. CLOCHES.

Les *sonnettes à mouvement mécanique* ainsi que les *cordons de tirage*, pour ouverture à distance des portes, sont posés par les serruriers. Les sonnettes se montent sur *ressort*, comme le montre la figure 24, de façon que le tirage du ressort produise un ébranlement prolongé de la sonnette. Le *tirage* se fait par l'un des appareils représentés figures 32 à 37 et par des fils de fer galvanisés de 1 millimètre environ de diamètre. Afin de transmettre le mouvement dans les angles des murs, on emploie les *mouvements de sonnettes* représentés par les figures 17 à 23. Quand les longueurs rectilignes sont grandes, on soutient le fil de fer par des *mouvements* figures 18 ou 23 et on doit même quelquefois le pourvoir d'un *ressort de rappel* (fig. 25) pour faciliter son mouvement de va-et-vient dans les *conduits* et mouvements. Pour les passages de murs et cloisons, on emploie de petits tubes de fer blanc roulé dans lesquels passe librement le fil de fer.

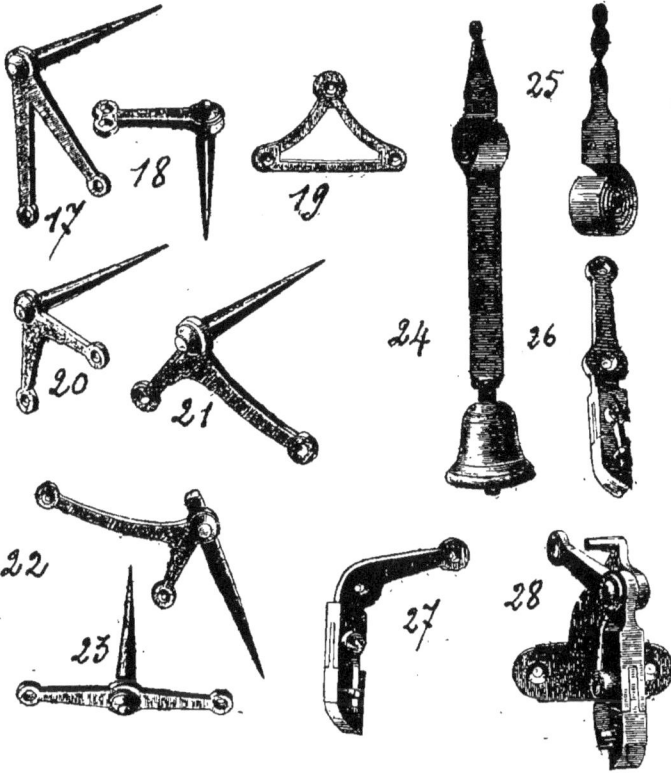

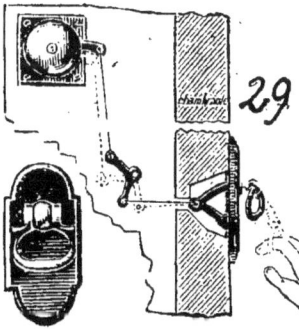

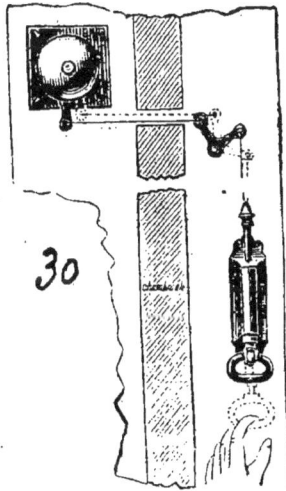

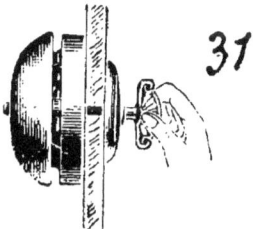

Fig. 7 à 31.

Les *mouvements* de sonnettes et de cordons sont re
présentés par les figures suivantes :

17. — Conduit en V, sur bout.
18. — Tirage.
19. — Mouvement barré.
20 et 21. — Equerres sur bout.
22. — Equerre sur côté.
23. — Tourniquet.

Les tirages ou coulisseaux sont représentés :
32. — Coulisseau marseillais.
33. — Coulisseau à cuvette.
34. — Coulisseau lyonnais.
35. — Coulisseau à équerre.
36. — Coulisseau à équerre à 2 tirages.
37. — Coulisseau à poncier.

Les figures 29 et 30 montrent la manière de pose
les coulisseaux avec les mouvements pour actionne
un timbre ou une sonnette.

Les figures 26, 27 et 28 montrent les *mouvements (*
charnière qui se posent au-dessus des portes et action
nent le timbre ou la sonnette seulement quand on ou
vre la porte.

Les *cordons* pour ouverture à distance des porte
se posent avec les *mouvements de sonnettes* décrits ci
dessus. Ils actionnent le pène de la serrure et la porte
est munie d'un ressort qui la fait s'ouvrir légèrement
dès que le pène est tiré par le cordon.

Ce ressort *plat* se pose dans la feuillure de la porte.

La figure 39 montre un timbre actionné directement
par un de ces mouvements à charnière, mais le mouvement peut aussi bien être transmis par un fil de fer
plus ou moins long. Les figures 38 et 39 montrent le
détail du mécanisme des timbres d'appartement avec
marteau et *ressort de rappel*. La figure 41 est le timbre

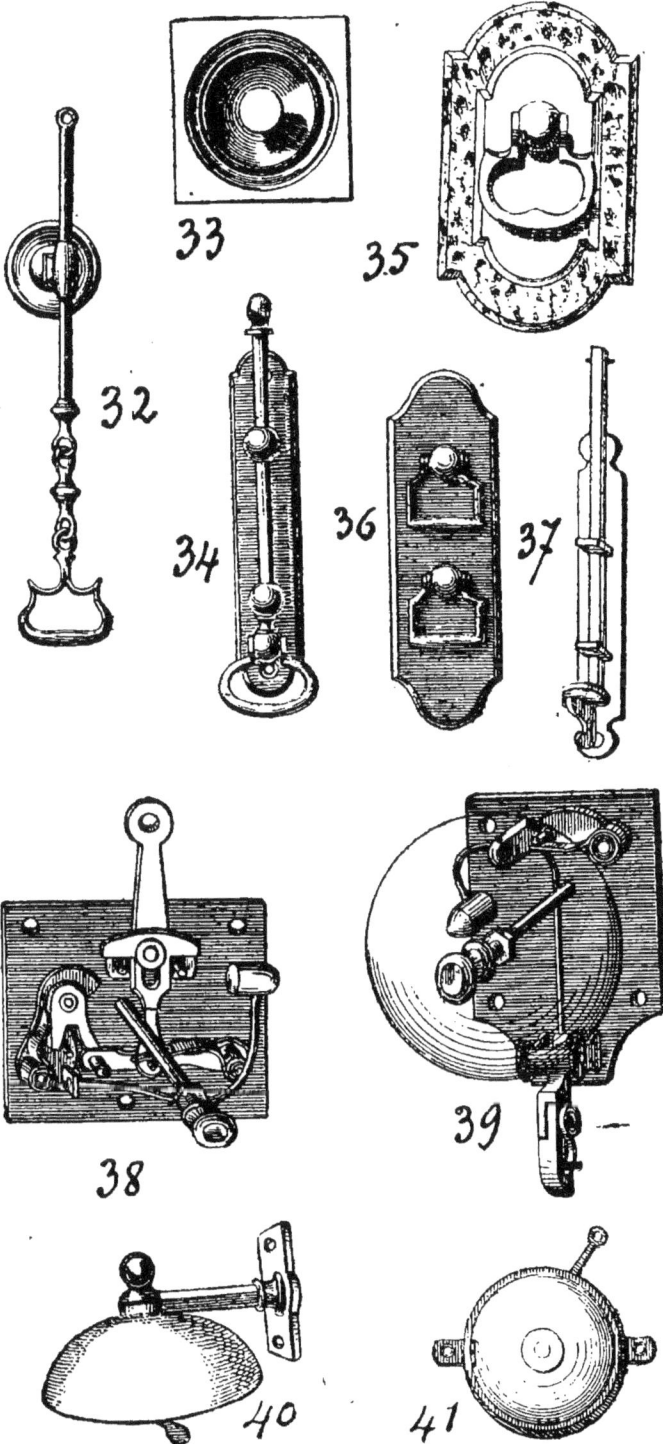

33

35

32

34

36

37

38

39

40

41

Fig. 32 à 41.

complet dit *anglais* pour poser au-dessus d'une porte
La figure 31 montre un timbre dont le bruit imit-

Fig. 42.

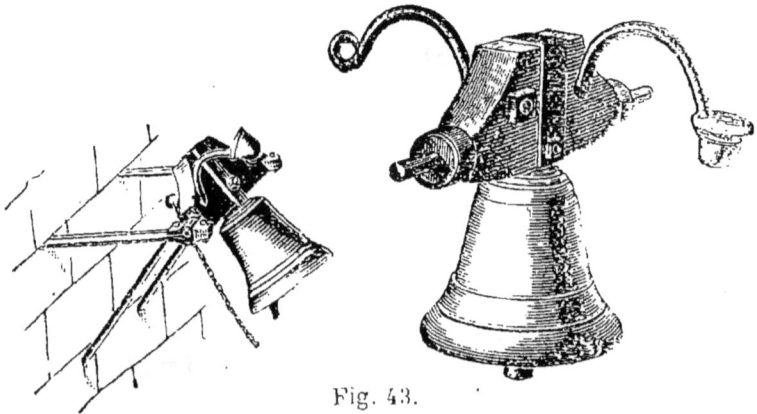

Fig. 43.

celui d'une sonnette électrique, quand on tourne la
manette extérieure ; la figure 42 est un timbre ana-
logue actionné en poussant un bouton. Enfin, la figure
43 montre la manière de poser les cloches d'appel pour
château, usines, écoles, etc., sur deux consoles en fer
forgé formant coussinets pour recevoir les tourillons de
la monture de la cloche qui est munie d'un contre-
poids et d'une chaîne de tirage.

CHAPITRE VI

SONNERIES A AIR

Les sonneries à air imitent le bruit des sonneries électriques.

Nous donnons (fig. 44) le croquis d'un timbre à un coup et celui d'une sonnerie trembleuse.

Le premier appareil se compose d'un soufflet et d'un timbre reliés par le mécanisme suivant :

L'air arrive par un tuyau A dans le soufflet B posé sur un disque fixe E ; le soufflet se développe donc de bas en haut. Il fait monter avec lui un disque mobile C sur lequel est attaché un appendice D qui forme, en réalité, l'un des bras d'un levier articulé en F, et pivotant sur un axe H en tendant un ressort chargé de le ramener à sa position normale lorsque le soufflet est dégonflé.

L'appendice I vient frapper sur un pied de biche J et lui fait exécuter un mouvement de bascule de droite à gauche. Le pied de biche est porté par le même organe L que la tige M du marteau N ; par conséquent, la tige du marteau est repoussée et, obéissant à l'ac-

tion du ressort P, ramenée vivement en avant. D'où
suit le coup d'appel.

Dans le second appareil, dit sonnerie trembleuse,

TIMBRE A UN COUP.   SONNERIE TREMBLEUSE

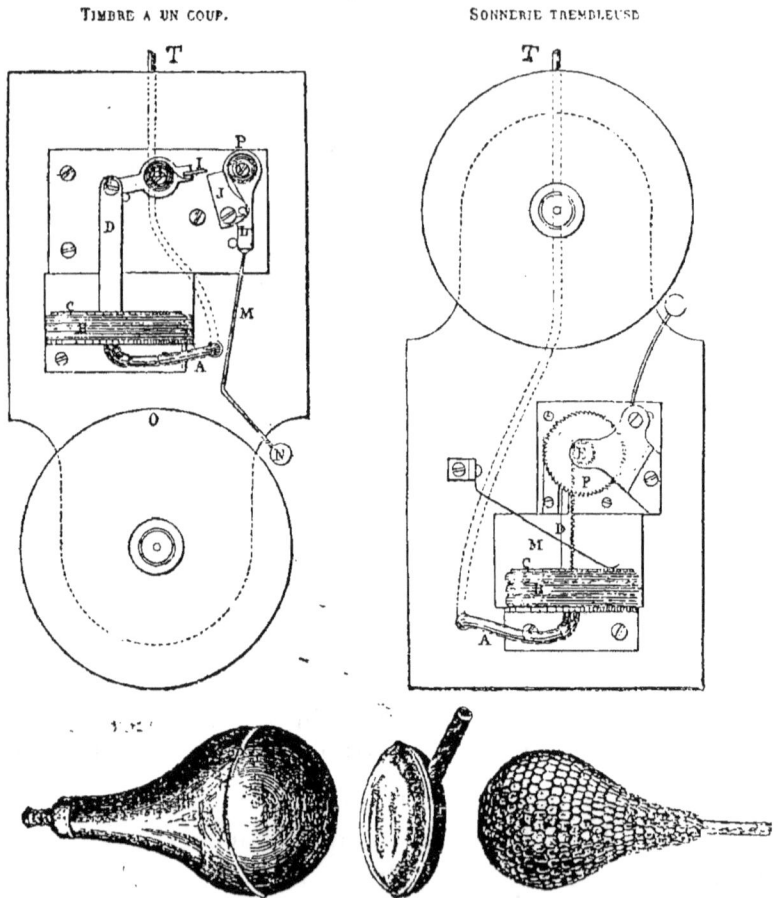

Fig. 44.

l'air arrive comme ci-dessus, le soufflet soulève une
tige à crémaillère D, qui, venant engrener sur un pignon E, fait tourner ce pignon, et, avec lui, une roue
F dentée. Celle-ci, à son tour, s'engrène sur une ancre
de forme particulière, fixée à un arbre horizontal qui
porte également le pied de la tige du marteau.

Cette tige est placée obliquement et, par le poids du marteau, est constamment sollicitée à revenir sur la droite, de telle sorte que lorsque la roue dentée F s'en-

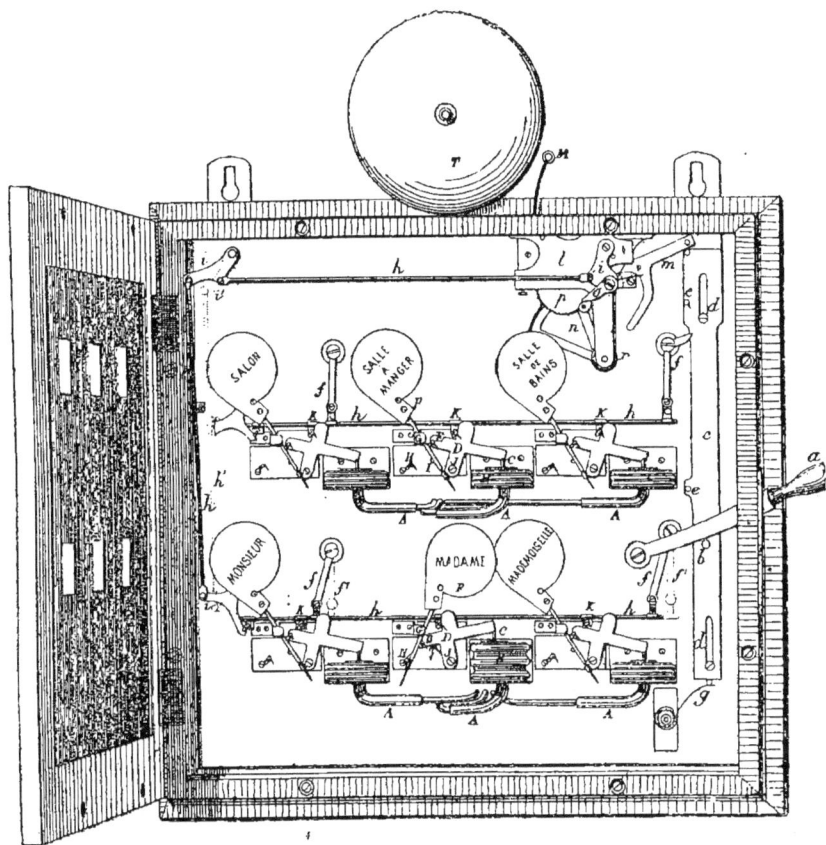

Fig. 44 bis.

grène sur l'ancre et fait, par suite, osciller l'arbre, le marteau frappe le timbre et s'en éloigne autant de fois que les dents de la roue passent sur l'ancre.

Dès que la pression a cessé de gonfler le soufflet, celui-ci s'abaisse, et, avec lui, le disque C et la tige à crémaillère D aidée, d'ailleurs, par un ressort M.

5

La trembleuse est alors prête à fonctionner de nouveau.

La figure 44 *bis* montre un tableau d'appel pour sonneries à air ; son fonctionnement repose sur l'emploi de soufflets analogues à ceux décrits pour les sonneries ci-dessus.

Voici leurs prix avec accessoires :

Tableaux de 1 à 3 guichets, par guichet .... Fr.	18	»
— 3 à 12 guichets, par guichet	15	»
— 13 et au-dessus, par guichet	12	
Sonnerie trembleuse ordinaire.........	18	›
Sonnerie à un coup	10	»
Sonnerie à barillet, pour communication à grande distance, 1.000 mètres au besoin.............................	40	»
Le mètre de tube, non posé..........	0 40	
Poire ordinaire, caoutchouc..........	2 00	
Le mètre de tube, posé..............	0 75	
Le mètre de cordon.................	1 50	
Passementerie ornée, selon dessin.		
Le bouton ordinaire.................	4 00	

La pression de l'air est obtenue avec une poire ou soufflet en caoutchouc placée au bout du tuyau T (fig. 44) lequel peut avoir jusqu'à 50 mètres de longueur. Le tube de transmission est en cuivre, de 3 millimètres environ de diamètre intérieur.

M. Guillaume, à Paris, construit des *sonneries à air* et des *cordons de tirage* pour ouverture à distance des portes, dans lesquels la transmission est obtenue au moyen d'un piston en cuir, comme le montrent les figures 45 et 46.

Cet appareil semble préférable à la poire de caoutchouc dont la durée est précaire.

Figure 45. — Ouverture des portes à distance (25 mètres environ) par piston pneumatique Guillaume.

Figure 46. — Sonnerie pneumatique du même constructeur.

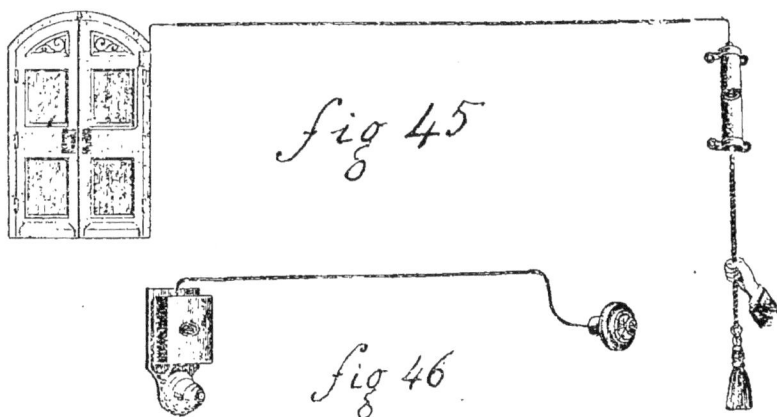

fig 45

fig 46

Les sonneries pneumatiques de M. Guillaume coûtent environ 50 francs d'achat et d'installation, ce qui
est plus cher qu'une sonnerie électrique, mais on a
l'avantage de n'avoir pas à entretenir les piles.

CHAPITRE VII

PORTE-VOIX ACOUSTIQUES

Les porte-voix tubulaires ou *acoustiques* s'emploient dans les appartements et dans les maisons pour communiquer d'une pièce à une autre ou entre les dive s étages. Les Anglais les nomment *speaking-tubes* ; on peut les utiliser sur des distances de plus de 20 mètres et ils ne risquent guère de dérangements s'ils sont bien installés.

Les *acoustiques* se composent d'un tube continu en cuivre mince ou en fer blanc roulé; à chaque bout de tube se trouve une *embouchure* ou *porte-voix* et un *sifflet d'appel* qui, au repos, est placé dans l'embouchure.

Pour appeler, on souffle dans l'embouchure et la personne appelée retire le sifflet et met l'embouchure à son oreille pour écouter ; elle répond en portant l'embouchure vers sa bouche.

Généralement, le tube métallique est prolongé à chacune de ses extrémités par un *tube souple* en caoutchouc, gainé de soie, laine ou coton qui rend plus aisé l'usage de l'embouchure comme porte-voix ou comme écoutoir.

Les figures 47 et 48 montrent des branchements de

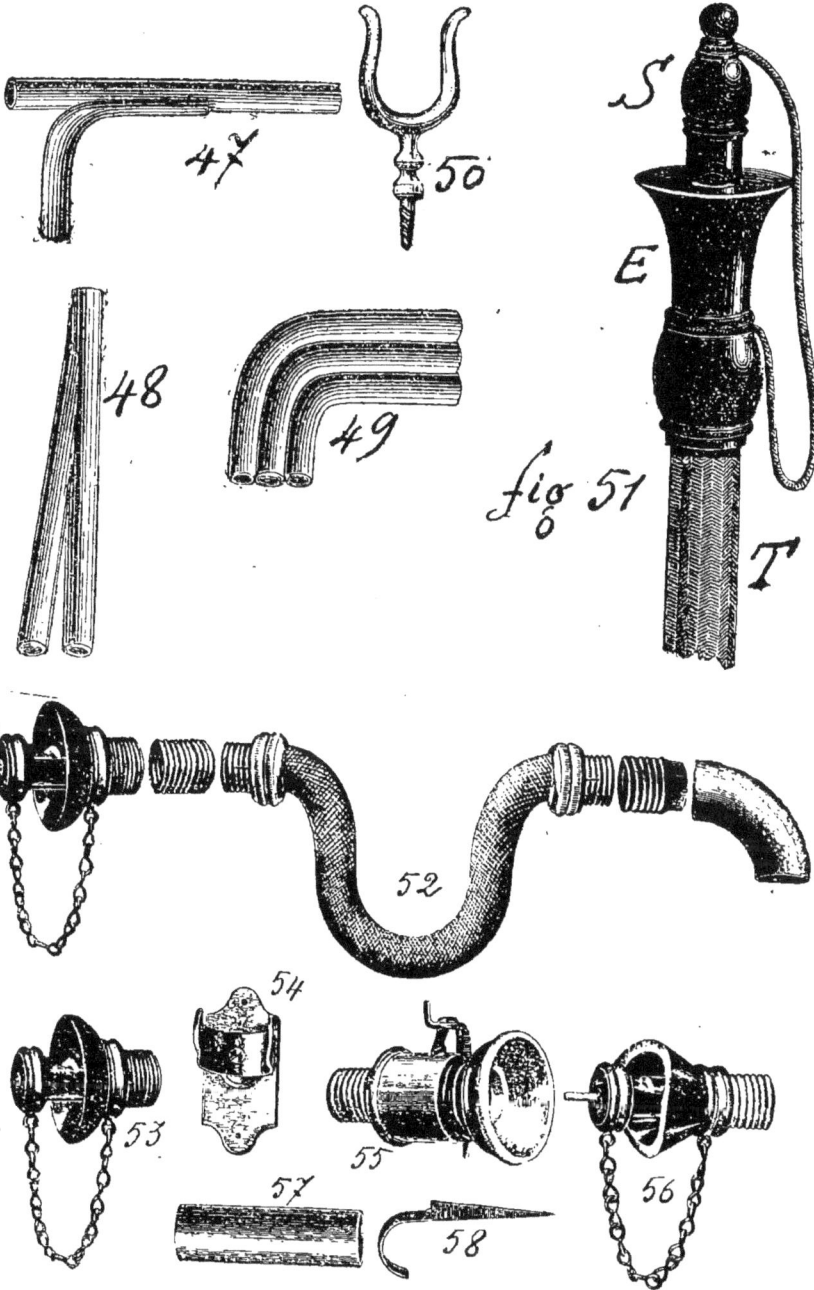

Fig. 47 à 58.

tubes métalliques pour acoustiques desservant trois locaux.

La figure 49 montre des coudes pour plusieurs circuits acoustiques suivant le même parcours.

La figure 51 montre en T le tube souple, en E l'embouchure écoutoir, en S le sifflet d'appel.

La figure 50 est un support pour reposer l'embouchure le long du mur.

Dans les anciens systèmes d'acoustiques, les tubes souples sont ligaturés sur les tubes métalliques ; les figures 52, 53, 55 et 56 montrent les dispositifs des acoustiques construits par la Société des Téléphones de Lyon, où les divers éléments sont réunis par des filetages, ce qui rend facile le démontage pour le nettoyage ou le rechange des pièces.

54 est un support d'embouchure.

57 un morceau du tube métallique.

58 un crochet pour fixer les tubes métalliques le long des murs.

Tube cuivre étiré diamètre 16 m/m	le mètre	1 10
— — — 18 —		1 25
— — — 20		1 40
— — — 25 —		1 60
Tube souple garni coton diamètre 16 m/m		1 40
— — — — 18		2 10
— — — — 20		2 25
— — — — 25 —		2 75

Les nuances courantes sont : vert, grenat, chêne clair.

Embouchure avec sifflet paliss. fig. 51 16 m/m	l'une	1 25
— — — 18 —		1 35
— — — 20		1 50
— — — 25		1 75
Plus value pour sifflet à signal		0 50
Lyres en cuivre nickelé (fig. 50)		1 75
Coudes ordinaires en cuivre (fig. 49) 16 m/m	l'un	0 60
— 18		0 70
— 20		0 75
— 25		0 90

Quand plusieurs acoustiques aboutissent dans une

même pièce, on fait usage d'un *tableau indicateur* ou bien l'on munit chaque acoustique d'un *sifflet, trompette* ou *musette* de sons différents, de manière à reconnaître quel est celui qui appelle.

CHAPITRE VIII

PILES ÉLECTRIQUES POUR USAGES DOMESTIQUES

Ainsi que nous l'avons dit, volume 10, les piles électriques fournissent le courant à un prix fort élevé, de 5 à 10 francs par cheval-heure (736 watts), aussi, dans la pratique, leur emploi est-il limité aux sonneries électriques, au téléphone et quelquefois à l'allumage des moteurs à gaz; ce dernier cas est de moins en moins fréquent depuis que les magnétos d'allumage sont construites à des prix abordables.

Nous ne parlerons dans ce livre que des piles au *chlorhydrate d'ammoniaque* ou *sel ammoniac* dont le prototype est la pile *Leclanché*, des piles au sulfate de cuivre, et des piles au bichromate de potasse. Les piles au sel ammoniac sont les seules employées dans l'équipement des sonneries et des téléphones domestiques à cause de leur constance, de leur longue durée et de la facilité de leur entretien ; celles au bichromate sont employées pour les allumoirs et pour l'allumage de quelques moteurs.

On sait qu'en principe une pile électrique se compose d'un vase en verre ou en grès vernissé, rempli aux trois quarts d'eau acidulée ou chargé d'un sel déterminé, dans lequel plongent une lame de zinc et une lame de cuivre ou de charbon de cornue (1).

Le zinc constitue l'*électrode négative* et le cuivre ou charbon l'*électrode positive*. Dans la pile, le courant prend naissance sur l'électrode négative, par suite de l'action chimique qui dissout peu à peu le zinc dans l'eau acidulée ; il se dirige vers l'électrode positive à la surface de laquelle il entraîne des bulles de gaz hydrogène provenant de la décomposition de l'eau. Dans le circuit extérieur, le courant se dirige de l'électrode positive à l'électrode négative.

Les bulles d'hydrogène qui viennent se coller à la surface de l'électrode positive ne tarderaient pas à arrêter le passage du courant si l'on ne prenait pas la précaution de les éliminer au fur et à mesure qu'elles se forment ; dans ce but, on entoure l'électrode positive d'un produit chimique susceptible d'absorber l'hydrogène et d'empêcher le phénomène ci-dessus que l'on nomme la *polarisation* de la pile. Dans les piles au chlorhydrate d'ammoniaque, le *dépolarisant* employé est un mélange de *charbon de cornue* concassé en petits morceaux et de *bioxyde de manganèse*. Ce mélange est comprimé autour de l'électrode positive (formée aussi d'une lame de charbon de cornue) et maintenu dans un vase en terre poreuse ou bien dans un sac en toile fortement serré par des ligatures.

Les piles au chlorhydrate d'ammoniaque se compo-

(1) Le charbon de cornue est une sorte de coke très compact que l'on trouve dans les cornues où se fait la distillation de la houille pour la fabrication du gaz d'éclairage ; il est bon conducteur de l'électricité et ne subit pas l'action des acides ni des sels des piles, c'est pourquoi on l'emploie pour constituer l'*électrode* positive de ces piles.

Le charbon de cornue sert aussi à fabriquer les charbons des lampes à arc électrique et les *balais* des dynamos.

sent donc d'un vase en verre dans lequel plonge un bâ-
ton ou bien une lame de zinc, formant l'électrode négative, et le vase poreux ou le sac contenant la lame
de charbon qui constitue l'électrode positive (fig. 59,
60 et 61).

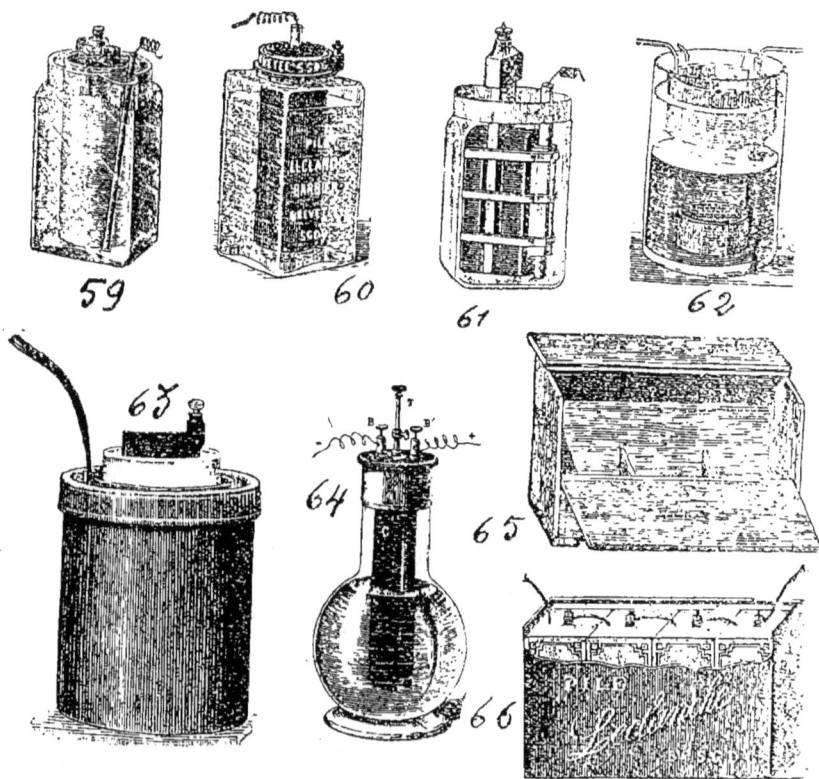

Fig. 59 à 66.

Le liquide de la pile est préparé en faisant dissoudre
200 grammes de sel ammoniac dans un litre d'eau : le
vase en verre est rempli aux trois quarts de sa hauteur
avec cette solution dont la durée est de six mois à un
an, suivant les périodes de service imposées à la pile. Si
pendant ce temps, l'eau s'évapore par suite de la chaleur et de la sécheresse de l'air, il suffit de remettre un

peu d'eau dans le vase en verre pour rétablir le niveau primitif ; quand la pile ne donne plus de courant, on vide la solution, on nettoie soigneusement en les grattant le zinc et le vase poreux, et l'on remonte la pile avec une solution neuve. Quand les zincs sont usés, on les remplace par des neufs ; quant au dépolarisant et à la lame de charbon *positive*, ils durent de 2 à 5 ans selon le travail fourni par la pile, ensuite il faut les remplacer par des neufs.

Les piles dites *piles sèches* sont des piles constituées comme celles ci-dessus, mais dans lesquelles la solution de sel ammoniac est absorbée par une pâte formée soit de papier buvard, soit de toute autre matière poreuse non attaquable par le sel ammoniac. Ces piles sont formées d'une boîte en zinc verni extérieurement à la gomme laque ; c'est cette boîte en zinc qui constitue l'électrode négative (fig. 66).

Au centre de la boîte en zinc repose, sur un petit bloc de bois, le sac en toile contenant le dépolarisant et la lame de charbon, et dans l'espace libre est tassée la matière poreuse imbibée de solution saturée de sel ammoniac. La fermeture est faite par du goudron à cacheter les bouteilles coulé à chaud.

Quand ces piles sont usées, elles doivent être entièrement remplacées par des neuves.

L'emploi des piles à liquide est plus économique pour les usages domestiques dont nous nous occupons exclusivement ici.

Les piles à *sulfate de cuivre* (*Daniell, Callaud, Meidinger*) comportent une électrode en zinc et une en cuivre ; le dépolarisant est une solution concentrée de *sulfate de cuivre*.

La figure 62 représente la pile Callaud. Ces piles au sulfate de cuivre conviennent bien pour les sonneries et téléphones.

Les piles au bichromate de potasse ou de soude se construisent à un seul liquide ou à deux liquides : dans ces piles c'est une dissolution saturée de bichromate de potasse ou de soude qui sert de *dépolarisant*.

Les piles à un seul liquide (ou piles.*bouteilles*, figure 64) sont constituées par une lame de zinc bien amalgamé (1) placée entre deux plaques de charbon de cornue ; le liquide contenu dans un vase en verre ou en grès se prépare ainsi :

Eau.....................	10 litres
Acide sulfurique du commerce.	1 litre
Bichromate de potasse........	1700 grammes
(ou bichromate de soude).....	1000 grammes

Quand on ne se sert pas de la pile, le zinc doit être retiré du liquide au moyen de la tige T (fig. 64).

Les piles à deux liquides se composent d'un vase en verre ou en grès dans le milieu duquel on place un vase en terre poreuse (fig. 63).

L'électrode négative est formée par une lame de zinc ou encore par de la grenaille de zinc fortement amalgamée, trempant dans de l'eau acidulée à 10 % en poids d'acide sulfurique du commerce ; l'électrode po-

---

(1) *Zinc amalgamé.* — Pour amalgamer une plaque de zinc, trempez-la quelques secondes dans l'eau acidulée à 10 p. 100 d'acide sulfurique, afin de la nettoyer ; puis frottez-la sur tous ses côtés avec une petite brosse trempée dans du mercure métallique.

On peut encore amalgamer le zinc en le faisant tremper dans une solution concentrée d'azotate de mercure additionnée de son volume d'acide chlorhydrique (*esprit de sel*).

Mais il est préférable d'employer pour les piles du zinc amalgamé *dans la masse*, c'est-à-dire fondu avec 3 à 4 pour cent de son poids de mercure métallique : ce dernier est ajouté dans la masse de zinc fondu qui est alors brassé fortement et coulé aussitôt dans les moules ; la grenaille de zinc amalgamé se prépare de cette manière. On peut utiliser pour cela des déchets de vieux zinc qui ne coûtent guère plus de 50 centimes le kilogramme.

sitive est une plaque ou un cylindre de charbon de cornue trempant dans la solution bichromate-acide sulfurique indiquée plus haut.

Pour maintenir l'amalgamation du zinc, on dépose dans le fond du vase qui le contient, un peu de mercure liquide au-dessus duquel le zinc est soutenu sur un isolateur quelconque.

Les piles au bichromate donnent un courant plus intense que celles au sel ammoniac, mais elles s'usent très rapidement. Quand le liquide dépolarisant, qui est d'abord rouge, est devenu verdâtre, il est épuisé et doit être remplacé par de la solution neuve.

Ces piles ne s'emploient guère que pour des *allumeurs* ou pour les petits éclairages temporaires.

Très employées autrefois pour l'allumage des moteurs à explosions, ces piles sont maintenant remplacées par des magnétos d'allumage.

On peut se servir de trois éléments de piles au bichromate pour recharger un accumulateur d'allumage de deux éléments (4 volts).

Couplage des piles. — La marche des divers appareils, sonneries ou téléphones, nécessite généralement plusieurs *éléments* de piles ; le nombre de ces piles dépend de la force des appareils et de la longueur du circuit ou de la distance entre les postes transmetteur et récepteur des signaux ou de la voix.

L'accouplement des éléments de piles se fait en *tension*, c'est-à-dire en réunissant entre eux les pôles de nom différent : *zinc réuni à charbon*, au moyen d'un fil de cuivre d'environ 3/4 de millimètre de diamètre, comme le montrent les schémas de montage que nous donnons plus loin.

Il reste libre à chaque extrémité de la *batterie* de piles ainsi formée, un fil négatif (zinc) et un fil positif (charbon) auxquels seront attachés les fils du circuit extérieur.

Nous indiquerons, quand nous parlerons du montage des sonneries et des téléphones, le nombre d'*éléments* dont on doit composer chaque *batterie*, selon la nature des appareils à actionner et selon la longueur du circuit extérieur.

Précautions à apporter au montage des piles. — Avoir soin de bien serrer les fils sur les bornes des charbons.

Ces bornes en cuivre doivent être bien propres, et le métal à nu. Les fils doivent être *soudés* sur les lames de zinc. Après serrage des bornes positives, on les enduira de vaseline épaisse pour en empêcher l'oxydation. Les zincs ne doivent jamais toucher la lame de charbon dans un même vase de pile (ceci est très important).

Placer les batteries de piles dans un endroit frais et à l'ombre, pour éviter l'évaporation rapide de l'eau. Les piles placés sur une planche dans une cuisine sont mal placées, car la chaleur qui y règne fait évaporer l'eau et favorise la formation de dépôts salins contre les parois des vases et sur les contacts ; on nomme ces dépôts salins des *sels grimpants*, ils sont très nuisibles à la bonne conservation des piles et il faut les enlever s'ils se forment accidentellement.

Il est commode de placer une batterie de piles dans une boîte en bois (fig. 65) qui permet de garantir les vases en verre des chocs, et aussi de transporter la batterie entière sur une table au grand jour, pour le nettoyage et le remontage des éléments.

Prix des piles au sel ammoniac et de leurs rechanges.

Pile Leclanché, selon grandeur .... 1 fr. 10 à 4 fr. »
Pile à sac .... 2 fr. 50 à 5 fr. 50
Pile sèche, l'élément .... 2 fr. 50

Chlorhydrate d'ammoniaque, le kilog..... 1 fr. 25
Vases poreux garnis, de rechange, de .... 0 fr. 50 à 3 fr. »
Bâtons de zinc pour piles Leclanché, selon
   grandeur, de...................... 0 fr. 20 à 1 fr. »
Lames de zinc pour piles à sac .... 1 fr. 20

Prix des piles sèches (4 éléments).

De 8 à 12 francs.

Prix des piles au sulfate de cuivre.

De 2 fr. 50 à 4 francs, selon grandeur.

Prix des piles au bichromate.

Pile bouteille, de .... 2 fr. 60 à 6 fr. 50
Pile à 2 vases, de.................... 6 fr. » à 12 fr. »

CHAPITRE IX

SONNERIES ÉLECTRIQUES. — RELAIS.
TABLEAUX INDICATEURS.

La sonnerie électrique (fig. 67) est constituée par un *électro-aimant* EE *en fer à cheval* devant les pôles duquel est un morceau de fer doux I supporté par une lame de ressort plat R qui tend constamment à écarter le fer doux de l'aimant. Une vis V permet de régler la distance entre le fer et les pôles de l'aimant.

Le ressort et le fer doux sont prolongés par un marteau M qui peut venir frapper le timbre T de la sonnerie.

Le courant arrive de la pile au bouton d'appel, passe par les bornes A et B dans l'aimant puis à la vis V et retourne à la pile par le ressort R qui soutient la plaque de fer doux I.

Si l'on appuie sur le bouton, le courant passe, l'électro-aimant attire aussitôt le fer ; mais à ce moment une interruption de courant se produit au point de contact du ressort R avec la vis V, l'électro-aimant cesse alors d'attirer le fer qui revient en contact avec la vis et le courant passe de nouveau ; le fer est attiré une seconde fois et les phénomènes précédents se reproduisent tant que l'on appuie sur le bouton d'appel.

Il en résulte une série de coups rapides sur le timbre.

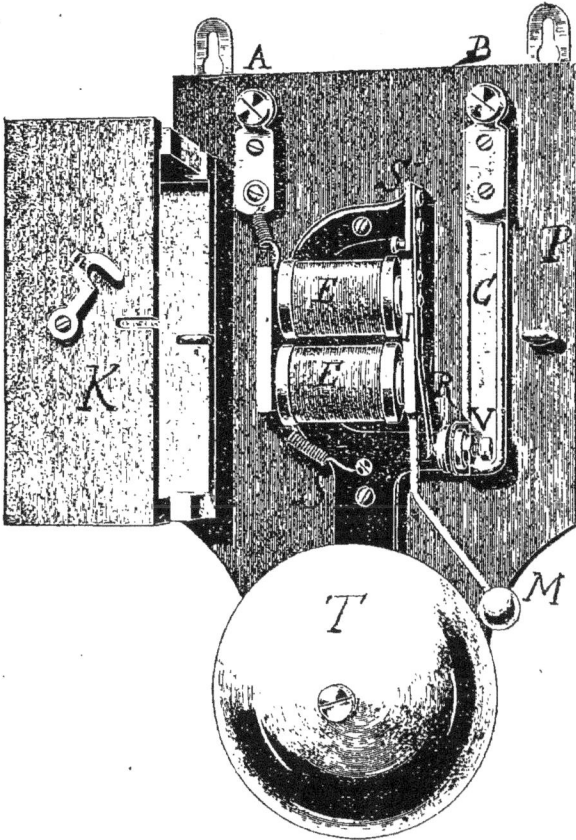

Fig. 67.

On construit de très petites sonneries fonctionnant avec une ou deux piles Leclanché et de grosses cloches électriques dont la marche exige cinq ou six éléments *à sac*, mais qui s'entendent à plus de 100 mètres de distance.

Nous indiquons ci-après les différents modes de montage des sonneries électriques dont nous donnons

6

les prix avec le nombre d'éléments de piles nécessaires
à leur fonctionnement.

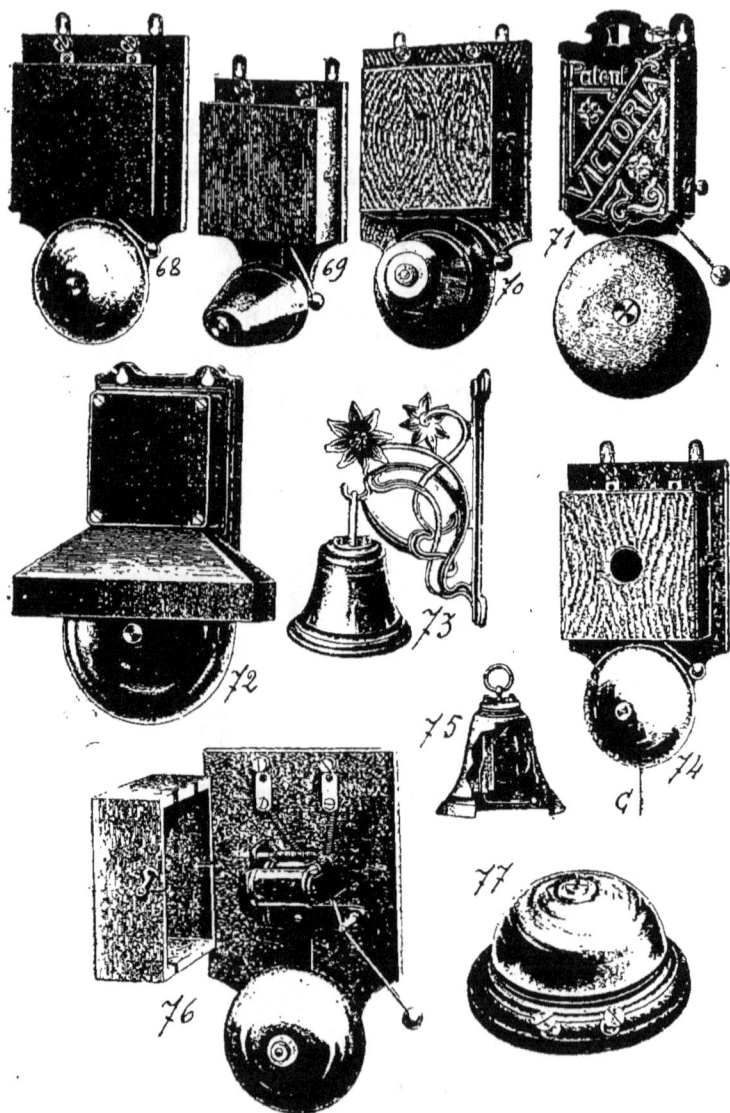

Fig. 68 à 77.

Les figures ci-dessus montrent les différents modèles de sonneries électriques :

68, 69, 70, sonneries *trembleuses* avec coffret bois.

71, sonneries *trembleuses* avec coffret métal.

72, sonneries trembleuses pour l'extérieur.

73, cloche pour l'extérieur, dont le mécanisme, contenu dans la cloche, est visible sur la figure 75.

74, sonnerie à mouvement continu avec *voyant* ; pour faire cesser la sonnerie, on tire sur la cordelette C.

76, est une sonnerie à *un seul coup* très fort, elle ne comporte pas le mécanisme interrupteur de la figure 67.

La figure 77 est une sonnerie *portative* que l'on branche sur un fil souple.

Les tableaux ci-après indiquent les prix des sonneries et cloches, ainsi que le nombre d'éléments Leclanché ou Callaud (fig. 59 à 62), nécessaires pour un circuit de 100 mètres, c'est-à-dire 50 mètres de distance en double fil (aller et retour) ; au-dessus, il faut augmenter d'un élément par 50 mètres de circuit supplémentaire.

Sonneries électriques.

Diamètre du timbre, clochette ou grelot	PRIX en francs	Nombre d'éléments de piles nécessaires pour un circuit de 100 mètres de fil
5 centimètres	2 50	2
6 —	3 50	2
7 —	4 50	2
8 —	5 50	2
10 —	7 50	3
12 —	9 50	3
15 —	17	3
18 —	23	3
20 —	31	4
25 —	46	4
30 —	57	4

Cloches pour l'extérieur.

DIAMÈTRE	PRIX en francs	Nombre d'éléments de piles nécessaires pour un circuit de 100 mètres de fil
12 centimètres	7 50	4
15 —	11	5
18 —	25	6
20 —	36	7
25 —	60	8

Installation des sonneries électriques. — L'installation des sonneries comporte un *interrupteur* ou *bouton d'appel* et une *ligne* ou circuit reliant : 1º la pile à la sonnerie; 2º la pile au bouton d'appel ; 3º le bouton d'appel à la sonnerie.

Quand on appuie sur le bouton d'appel, le circuit est *fermé*, le courant électrique passe et la sonnerie fonctionne.

Les figures ci-après montrent les différents accessoires de pose des sonneries électriques :

78. — Bouton d'appel ordinaire, bois verni.

79. — Bouton d'appel en métal.

80. — Tirage pour porte d'entrée.

81. — Pédale se logeant dans le parquet (*interrupteur au pied* pour salles à manger, bureaux).

83. — Poire d'appel (vue du mécanisme de contact).

84. — Poire d'appel à plusieurs appels.

85. — *Presselles* bois avec ressort formant contact.

86 et 87. — Contacts pour portes et fenêtres (actionnant la sonnerie quand on ouvre la porte).

88. — Rosace de plafond pour fil souple pendant avec poire ou presselle d'appel.

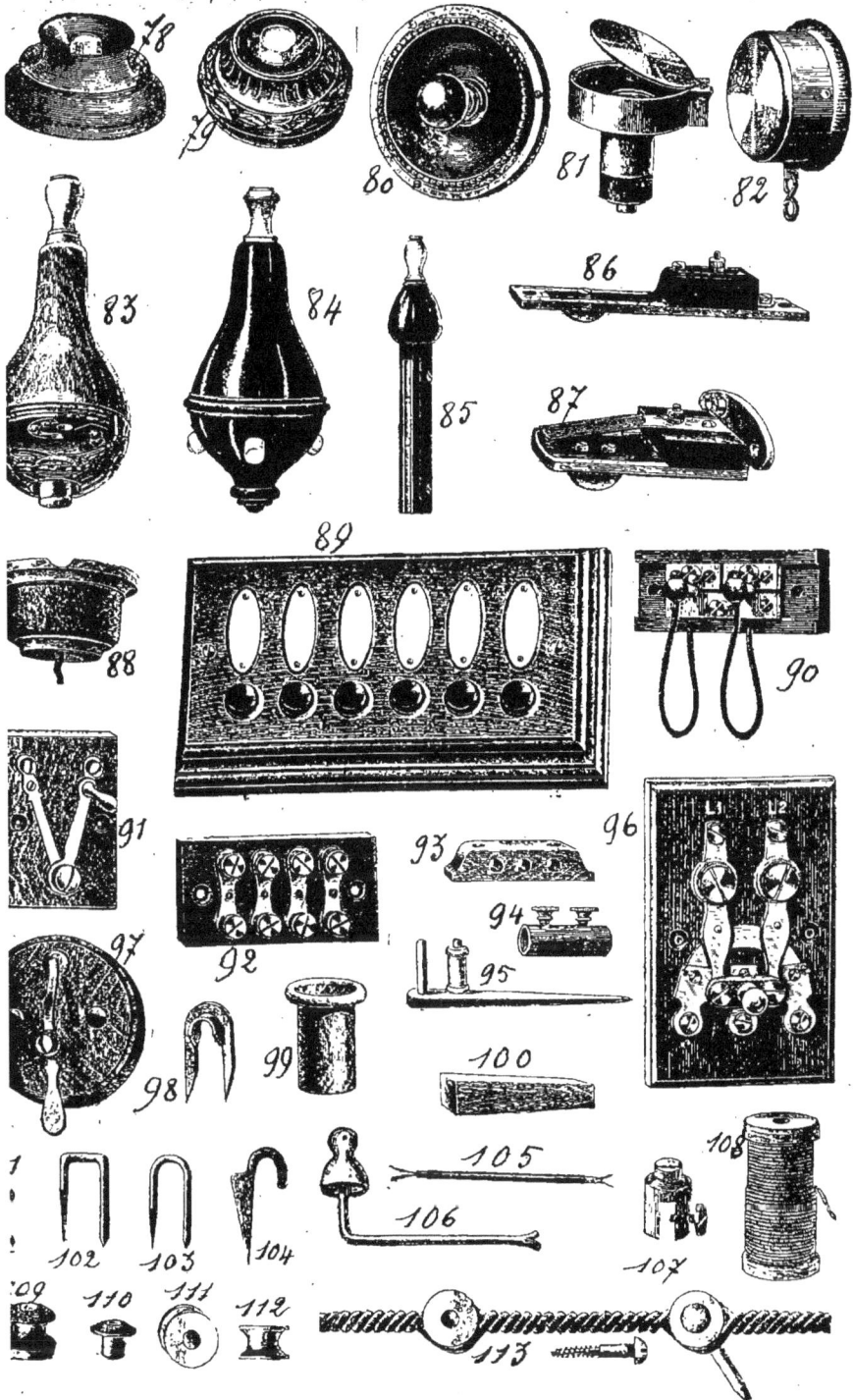

Fig. 78 à 113.

89. — Tablette avec plusieurs boutons d'appel.

90. — *Fiches* de contact pour couper à volonté le circuit.

91, 96, 97. — Commutateurs et interrupteurs pour interrompre ou changer les circuits d'appel.

92 et 94. — Raccordements pour fils de lignes.

93. — Passe-fils en bois pour supporter les fils le long des murs.

95. — Isolateur d'angle.

99. — Tube isolant pour passage de murs.

100. — Tampon en bois pour clouer les isolateurs.

98, 102, 103. — Cavaliers pour fixer les fils.

104. — Crochet vitrifié pour fixer les fils.

101. — Petit isolateur en os, se posant avec un clou central.

106. — Cloche isolante pour lignes extérieures en fil nu.

109 à 112. — Isolateurs pour torsades.

113. — Manière de poser les torsades.

105. — Double fil isolé sous gaîne plomb, pour endroits humides.

107. — Pince pour charbons de piles.

108. — Bobine de fil isolé à la gutta pour sonneries et téléphones ; fil de 8 à 9 dixièmes de millimètre en *cuivre rouge* (prix 4 fr. le kilogramme, soit 110 mètres).

(Voir plus loin les schémas de pose des sonneries.)

Relais. — Lorsqu'une sonnerie doit fonctionner à une grande distance du bouton d'appel, à plusieurs centaines de mètres par exemple, la résistance du long circuit conduirait à employer une batterie de piles très importante ; on pare à cet inconvénient au moyen du petit appareil appelé *relais* (fig. 114) qui se compose d'un électro-aimant A relié au bouton et à la pile d'appel comme une sonnerie ordinaire.

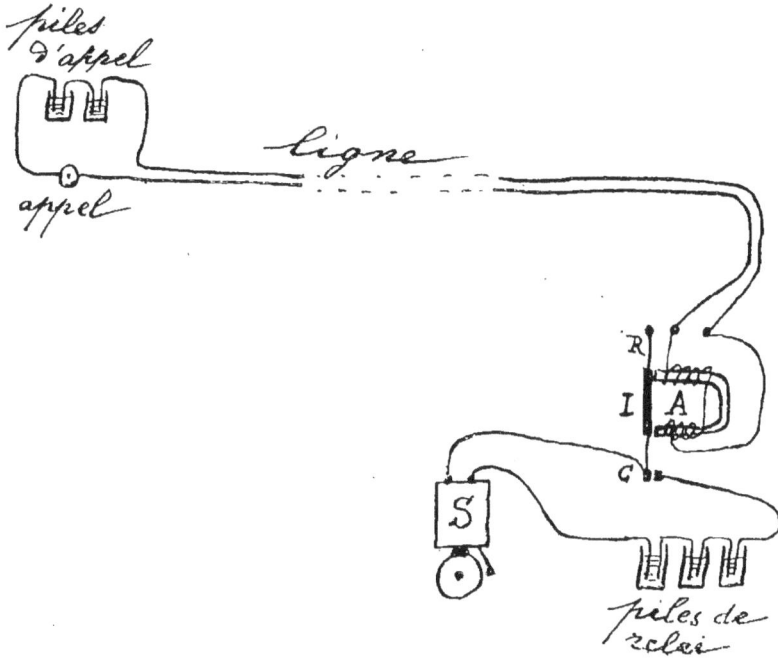

piles d'appel

ligne

appel

R

I | A

C

S

piles de relai

Fig. 114.

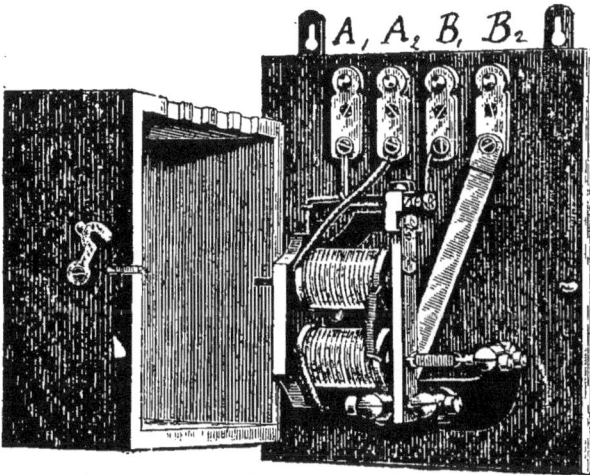

A, A_2, B, B_2

Fig. 115.

Quand on appuie sur le bouton d'appel, l'électro-aimant A du relai attire une lame de fer I *très légère*, qui met en circuit la sonnerie et une pile spéciale dite *pile de relais*. Le circuit est alors très long entre l'électro-aimant et le bouton d'appel, mais l'attraction de l'armature exige peu de force, tandis que la sonnerie est desservie par un *circuit très court* dans lequel l'action de la pile de relais conserve toute sa valeur .et donne à la sonnerie une sonorité beaucoup plus grande que si elle était actionnée par un circuit ordinaire.

La figure 115 montre l'appareil de relais còntenu dans un coffret en bois — A, A², sont les bornes de la ligne d'appel, B, B² les bornes allant à la pile de relais et à la sonnerie.

Un relais de sonnerie coûte de 6 à 9 francs.

Tableaux indicateurs. — Les tableaux indicateurs s'emploient lorsque plusieurs appels aboutissent à une même sonnerie. Ils désignent au moyen de guichets, *par l'apparition d'une étiquette gravée*, de quelle pièce ou de quelle personne provient l'appel de la sonnerie.

Un tableau indicateur se compose d'une boîte en bois fermée par un couvercle à charnières, muni d'une glace. La surface intérieure du verre est recouverte d'une couche épaisse de peinture, sauf les petits carrés ou cercles transparents qui y sont ménagés et derrière lesquels doivent apparaître les numéros (fig. 116 et 117). Le numéro, inscrit sur une plaque très légère est porté par une aiguille aimantée mobile sur un axe horizontal ou par un support métallique léger dont le mouvement est commandé par un petit électro-aimant, comme le montrent les fig. 118 et 119. Les fils venant des boutons d'appel passent chacun par un des électro-aimants du tableau avant d'aboutir à la sonnerie comme le montre la fig. 120. Quand on appuie sur un des bou-

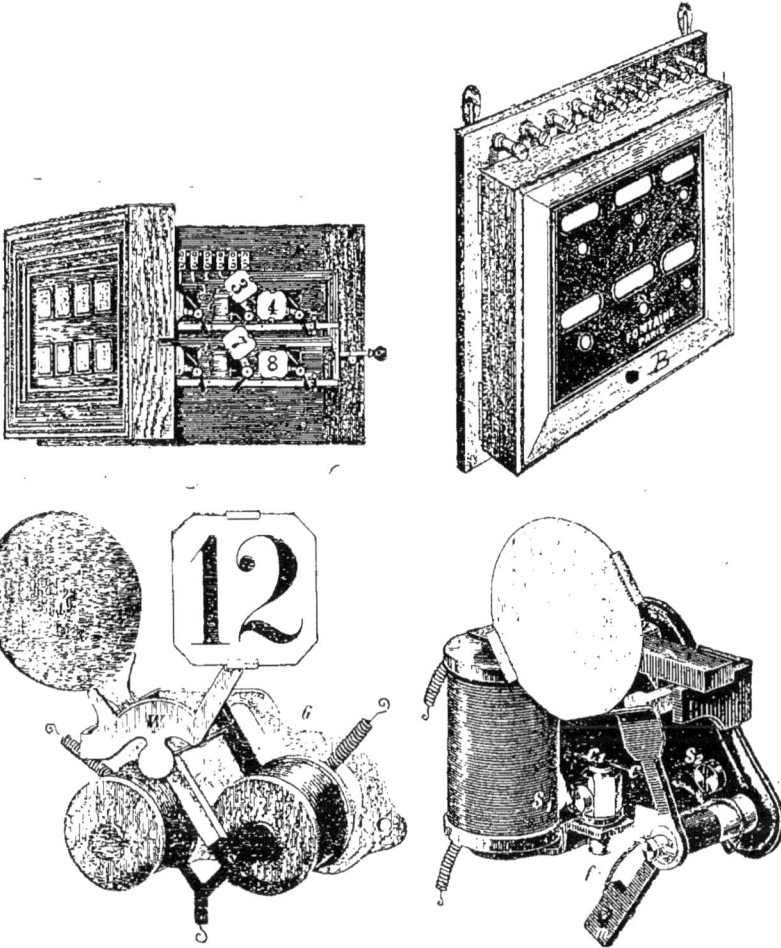

Fig. 116 à 119.

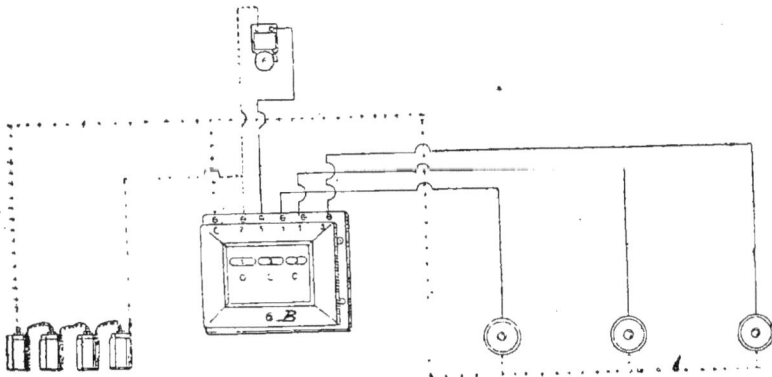

Fig. 120. — Schéma de montage d'un tableau à trois appels.

tons d'appels, le numéro correspondant apparaît au tableau. En appuyant sur le bouton B (fig. 120) la personne appelée fait disparaître le numéro qui est ainsi prêt à recevoir un nouvel appel.

Ces tableaux sont employés dans les hôtels, administrations, usines, etc. ; — ils coûtent 14 francs pour deux numéros, 19 francs pour quatre numéros et ensuite 4 fr. 25 par numéro supplémentaire.

Lignes pour sonneries et téléphones. — Les fils doivent être parfaitement isolés électriquement. On les dissimule dans les angles ou sous des moulures ; les tenir éloignés des pièces métalliques et des endroits humides.

Les fils peuvent-être apparents dans les couloirs, dégagements, escaliers de service, etc. On choisit les fils de la couleur des tentures des pièces que l'on traverse.

Pour traverser les murs, il est bon, pour éviter le contact et l'humidité, de protéger les fils par un tube en gutta-percha ou en caoutchouc, recouvert d'un autre tube en métal.

Les fils conducteurs d'intérieur sont en cuivre rouge protégé par un enduit de poix, bitume et gomme laque, couvert en soie ou coton ; les lignes extérieures se font en fils nus sur cloches isolatrices (fig. 106).

Pour passer dans l'épaisseur des planchers, dans les sous-sols, les caves, etc., il est préférable d'employer des fils sous plomb ou de former un câble en réunissant plusieurs fils (protégés séparément déjà par une enveloppe de gutta-percha) en recouvrant le tout d'une toile goudronnée.

Les fils doivent être bien tendus ; on les supporte par des isolateurs. Lorsque les fils sont nombreux, on emploie les crochets vitrifiés ou des supports garnis d'ébonite (fig. 98 à 104).

Pour les jonctions, on met les fils à vif en les grattant, on les tourne l'un sur l'autre par une torsion serrée et on les recouvre de gutta-percha en feuille chauffée pour la faire adhérer au cuivre ou d'une toile poisseuse (Ruban Chatterton).

On peut aussi employer les raccords figures 92 et 94.

Pour amener les fils dans l'épaisseur des planchers ou des plafonds, il est bon d'employer des fils *sous plomb* (fig. 105) ou de passer les fils ordinaires dans des tubes (Adt ou Bergmann).

Disons encore que, lorsque la ligne entre le bouton d'appel et le relais est très longue, on peut constituer cette ligne par un seul fil et obtenir le retour du courant *par la terre* ; à cet effet, l'un des pôles de la pile et l'une des bornes du relais sont reliés à une pièce métallique quelconque profondément enfoncée dans la terre humide (à un tuyau de conduite de gaz ou d'eau par exemple).

Parafoudres. — A l'entrée des lignes aériennes dans les maisons, il est nécessaire de placer un *parafoudre*.

Le principe du parafoudre consiste à opposer au passage du courant de plusieurs millions de volts de la foudre, un léger obstacle formé d'une torsade du fil conducteur du courant ordinaire et à lui offrir en même temps une porte de sortie vers la terre sous forme d'un conducteur de grande section placé à une petite distance du conducteur normal.

A cet effet, on interpose dans le circuit à l'entrée des habitations un *solénoïde* ou *torsade de fil*, formant *résistance* au courant, et l'on place à quelques millimètres du conducteur une plaque métallique reliée à la terre par un câble en cuivre de 2 à 6 millimètres de diamètre. Si la foudre tombe sur la ligne aérienne, il se forme, entre les plaques du parafoudre, une forte étincelle, et l'électricité atmosphérique passe à la terre.

Le câble d'arrivée du courant et celui de départ

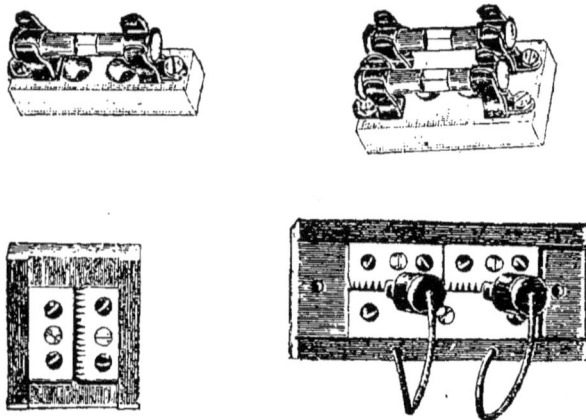

Fig. 121 à 124.

sont serrés à angle vif sur la borne de la plaque du parafoudre et le câble qui entre dans l'habitation

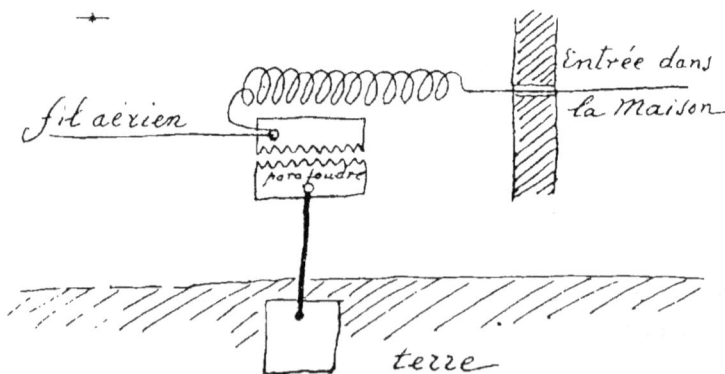

Fig. 125. — Montage d'un parafoudre.

doit présenter aussitôt *vingt spires* d'environ 10 centimètres de diamètre, de façon à opposer au passage du courant fulgurant une sorte de tournant brusque qui le forcera à passer directement à la terre par le petit

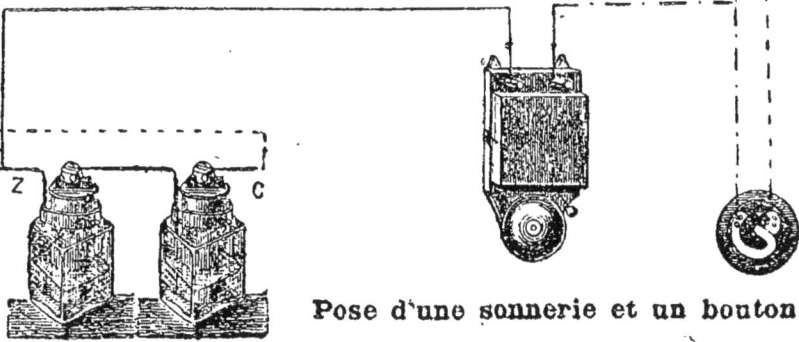

Pose d'une sonnerie et un bouton.

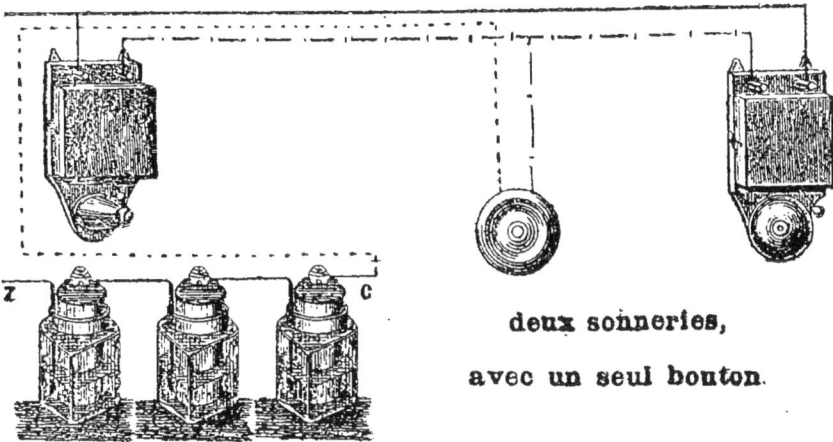

deux sonneries,

avec un seul bouton.

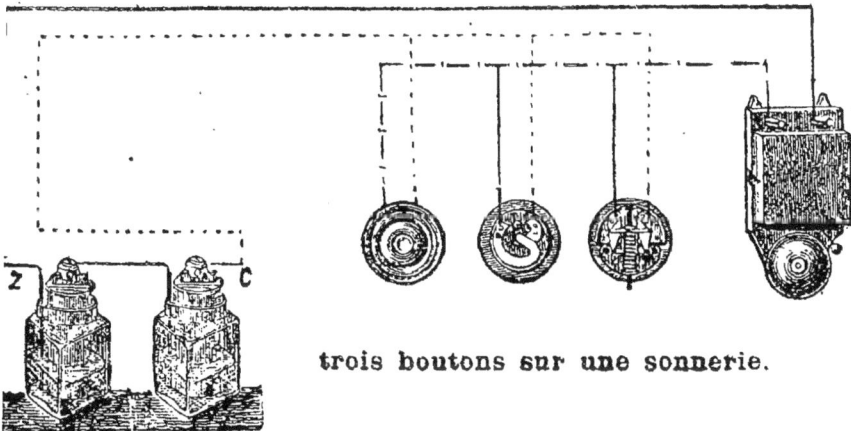

trois boutons sur une sonnerie.

Fig. 126, 127, 128.

deux sonneries
se répondant
à grande distance
par un seul fil
deux boutons à
équerre, deux piles
deux pôles de terre

Terre   Terre

une sonnerie, un tirage ordinaire, un contact
en ouvrant seulement avec interrupteur.

une sonnerie, un bouton et un contact continu
avec interrupteur

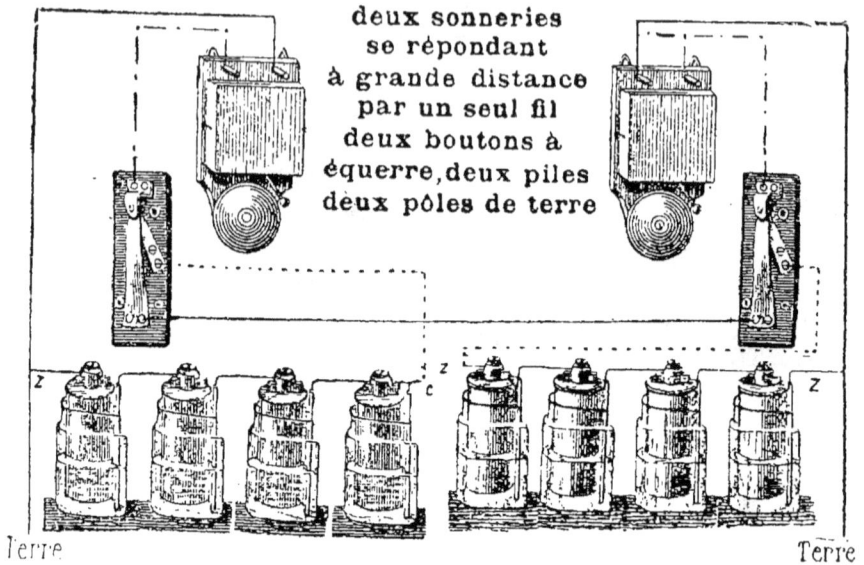

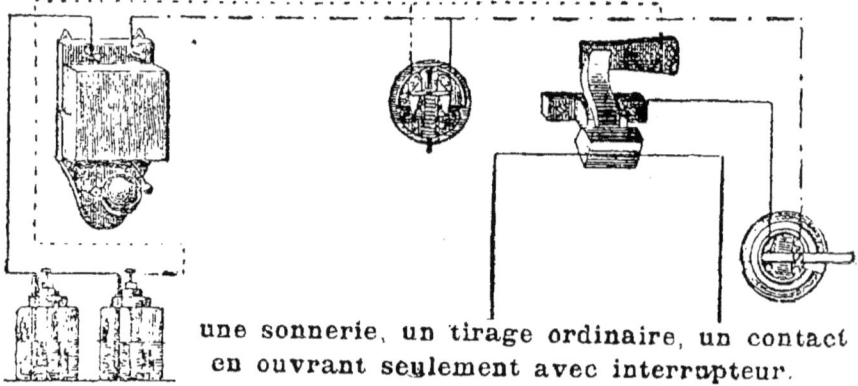

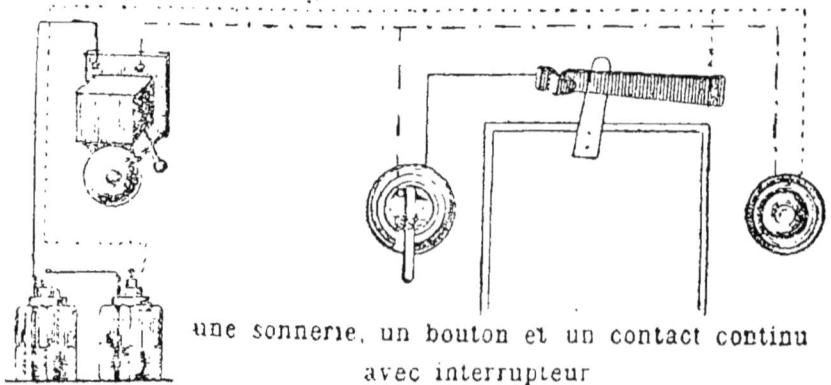

Fig. 129, 130, 131.

espace séparant les plaques de circuit de la plaque de terre.

Les parafoudres doivent être visités et nettoyés de

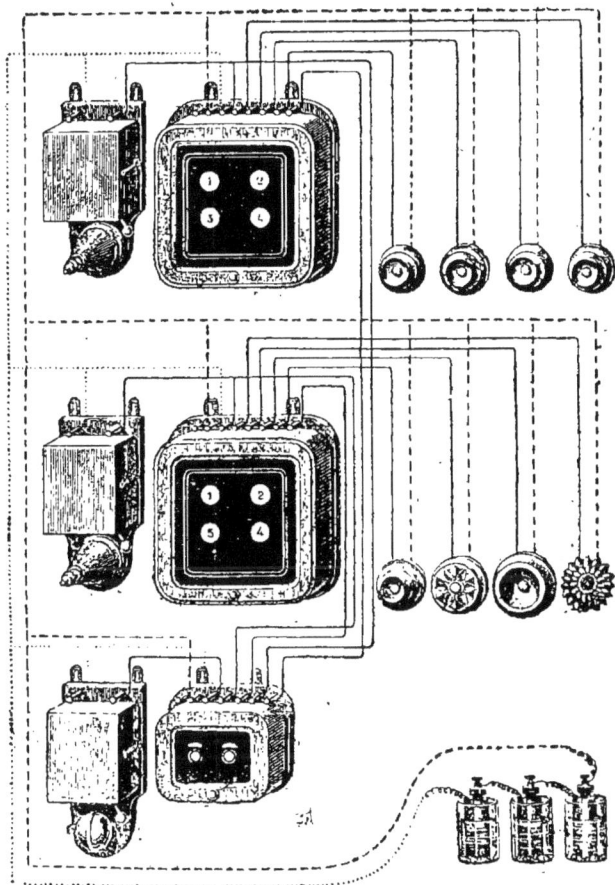

Fig. 132. — Installation de tableaux aux différents étages d'un hôtel, avec tableau indiquant au *rez-de-chaussée* à quel étage s'est produit l'appel.

temps en temps ; on reconnaît qu'ils ont été touchés par la foudre à ce que leurs plaques sont plus ou moins détériorées, calcinées ou fondues et nécessitent un remplacement.

Le parafoudre est indispensable dans le cas où l'installation comporte des lignes aériennes extérieures.

Les figures 121 à 124 montrent les modèles de petits parafoudres pour sonneries et téléphones dont les lignes sont aériennes et extérieures ; l'un de ces appareils est pourvu de *fiches de mise à la terre* que l'on met pendant les orages.

La figure 125 montre le mode de montage du parafoudre ; il faut avoir soin de faire précéder le fil entrant dans la maison d'une torsade en forme de ressort à 10 ou 12 spires, comme on le voit sur notre gravure 125.

Schémas de montage des sonneries électriques. — Nous donnons (fig. 126 à 132) quelque schémas de montage (on pourra consulter à cet égard l'album de 72 schémas pour sonneries, téléphones et lumière, par Cochet, prix : 1 franc).

Devis d'installation de sonneries électriques.

1º Comprenant 2 éléments nº 1 avec boîte, 1 sonnerie
  timbre de 5 c/m, 1 bouton d'appel, 15 mètres fil à
  2 conducteurs et 20 isolateurs en os avec pointes...   9   »
2º Comprenant 2 éléments nº 2 avec boîte, 1 sonnerie
  timbre de 6 c/m, 500 grammes fil gutta à 1 conducteur, 50 isolateurs, 1 feuille gutta, 1 bouton, 1 poire
  et fil souple...................................   13   »
3º Comprenant :
  1 bouton ivorine pour la porte d'entrée   2   »
  1 sonnerie timbre   —   — 3 50
  1 poire salle à manger avec 2 mètres fil souple 1 25
  3 boutons contact argent, pour 3 chambres,
    0.75....................................   2 25
  1 sonnerie clochette pour la cuisine 3 50
  3 éléments Leclanché, nº 2, à 1.40 ....   4 20
  1 boîte pour trois éléments...............   1 75
  1 kil. fil gutta et coton (110 mètres)........   4 50
  100 isolateurs avec pointes 0 75
  1 feuille gutta pour ligature 0 25   23 95
La même installation avec tableau indicateur à 4 numéros :
  En plus : 1 tableau à 4 numéros..............   19   »
         500 grammes de fil..................   2 25
(Il faut ajouter à ces devis le temps passé par l'ouvrier électricien.)

On construit des *cordons électriques* avec gâche électrique pour l'ouverture des portes à distance ; les sonneries électriques sont aussi appliquées à la sécurité des coffres-forts, des ascenseurs, etc.

Accidents aux sonneries électriques. — Le mauvais fonctionnement ou l'arrêt d'une sonnerie peut provenir de la pile qui est insuffisante ou épuisée ; de la ligne qui est coupée, mal serrée sur les bornes des appareils, ou qui présente un contact avec un tuyau métallique gaz ou eau, ou avec la terre, par où dérive le courant ; de la sonnerie elle-même dont le mécanisme est déréglé ; enfin du bouton d'appel.

Voir d'abord si la pile donne du courant, ce qui se vérifie en plongeant les deux fils, zinc et charbon, dans un verre d'eau salée ; si le courant passe, on voit se dégager de nombreuses bulles de gaz au fil zinc (*négatif*) ; on peut aussi employer pour cette vérification un petit galvanomètre ou un ampéremètre de 15 ampères, ou encore au moyen d'une sonnerie électrique ordinaire. Si la pile fonctionne bien, la relier aux fils de la ligne et procéder aux mêmes vérifications au bout de la ligne : si le courant n'y arrive pas, c'est que le défaut provient des fils de la ligne ou du bouton d'appel qui ne donne pas bien le contact ; en ce cas, vérifier la ligne et régler le bouton d'appel.

Si le courant arrive bien au bout de la ligne quand on appuie sur le bouton d'appel, c'est que le défaut réside dans la sonnerie ; celle-ci se règle par la vis de contact qui limite le mouvement de la palette de fer doux ; régler la vis et nettoyer le contact ; régler le marteau qui frappe sur le timbre.

Quelquefois la palette de fer doux se *colle* sur l'électro-aimant et ne s'en détache plus, à cause d'un léger *magnétisme rémanent* du fer de cet aimant : on pare

7

à cet inconvénient en collant sur la face de la palette de fer une feuille de papier qui empêche le contact direct du fer de l'aimant avec la palette.

Voir aussi s'il n'y a pas de court-circuit dans la sonnerie et si la boîte en bois ne gêne pas le mouvement du marteau.

Quand les sonneries sonnent sans raison, c'est qu'un dérangement s'est produit dans les boutons d'appel ou bien qu'il y a un court-circuit direct entre deux fils de ligne ; il est facile de trouver l'endroit défectueux en démontant les couvercles des boutons d'appel et, au besoin, en inspectant minutieusement les fils sur toute leur longueur.

Sonneries électriques fonctionnant sur le courant d'éclairage. — On trouve dans le commerce des sonneries électriques employant le courant à 110 et 220 volts ; ces sonneries sont construites spécialement et avec des résistances suffisantes pour supporter ces courants élevés ; elles donnent un appel strident beaucoup plus fort que celui des sonneries fonctionnant au moyen de piles.

Elles nécessitent des circuits et un appareillage plus coûteux que celui des sonneries à piles : il faut en effet que l'isolement de leurs fils adducteurs de courant et de leurs boutons d'appel soit en rapport avec la tension élevée du courant ; mais elles peuvent rendre d'utiles services à l'extérieur, car elles s'entendent de fort loin ; il fsufira de construire leurs lignes de dérivation de la même manière et avec les mêmes soins que les lignes de lumière.

En les commandant au constructeur, avoir soin de spécifier le voltage du courant qui sera employé.

CHAPITRE X

TÉLÉPHONES DOMESTIQUES ET URBAINS

La construction des appareils de téléphonie domestique est aujourd'hui très simplifiée et l'insta'lation de ces utiles instruments peut être faite aussi facilement que celle d'une sonnerie électrique.

Certains de ces appareils peuvent même se brancher à volonté sur n'importe quel circuit de sonneries électriques ; il suffit pour cela de remplacer le bouton ou la poire d'appel de la sonnerie électrique par un bouton ou poire d'appel spécial muni d'une prise de courant dans laquelle on introduit la fiche de contact du téléphone domestique. Tel est le *citophone*, dont nous représentons le mode de montage (fig. 133), qui ne coûte que 27 francs la paire d'appareils y compris les boutons ou poires d'appel spéciaux avec prise de courant.

Pour la pose des appareils téléphoniques domestiques des modèles courants, fixes ou mobiles, le circuit de la ligne s'établit exactement comme pour une sonnerie électrique avec deux fils conducteurs du courant. Les appareils téléphoniques pour réseaux urbains et interurbains ont une bobine d'induction et portent sept bornes marquées comme suit :

CS	—	*Charbon et sonnerie* de la pile.
Z	—	*Zinc* de la pile.
CM	—	Charbon de la pile et *microphone*.
T L	}	qui sont les bornes des fils de la ligne.
S S	}	qui sont reliées aux bornes de la sonnerie.

(Voir figures 141 à 146, appareils pour réseaux urbains et interurbains.)

La borne Z est reliée au zinc de la pile, la borne CS à la dernière tête de charbon de la batterie et la borne CM à 'a tête du charbon du deuxième élément de la batterie qui comporte généralement de 4 à 6 éléments Leclanché ou à sac selon la longueur du circuit et ainsi qu'il a été dit à propos des sonneries électriques dans le précédent chapitre de ce livre.

Ainsi toute la batterie actionne la sonnerie et deux éléments seulement servent pour le microphone, c'est-à-dire pour la transmission de la voix. Il y a une batterie à chaque extrémité de la ligne.

Les figures suivantes montrent quelques types de téléphones domestiques : la figure 136 est un montage à *double appel*, composé de deux appareils différents, reliés l'un et l'autre à une planchette de raccord portant un crochet de suspension, un bouton d'appel et une sonnerie ronfleuse. Les deux postes sont reliés à la pile (2 ou 3 éléments) par une ligne BB ; les deux autres lignes font communiquer les bornes 1 et 2 de la planchette A avec les bornes correspondantes de la planchette B. Toute installation comporte donc un appareil marqué A et un autre marqué B.

La figure 137 est un appareil mobile avec appel et sonnerie.

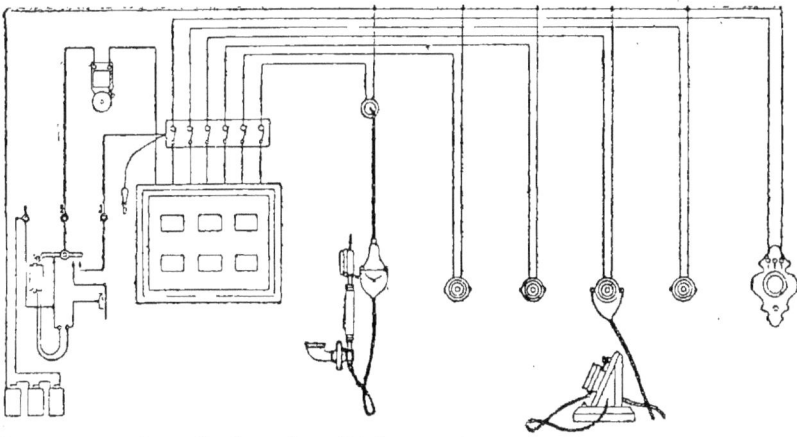

Fig. 133. — Installation de téléphones domestiques sur un réseau de sonneries électriques, avec tableau indicateur d'appel et distributeur de communications.

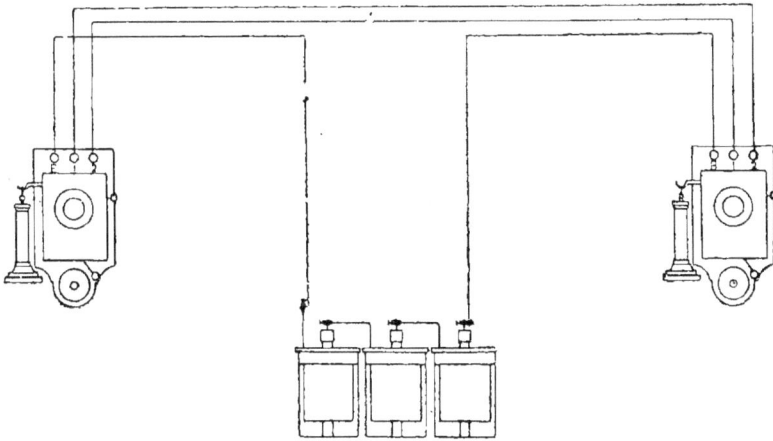

Fig. 134. — Installation de deux postes desservis par une seule pile et une ligne à trois fils.

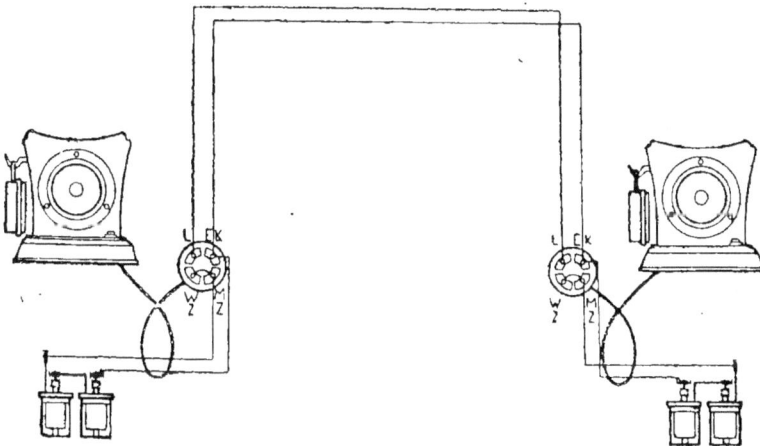

Fig. 135. — Installation de deux postes desservis par deux batteries de piles et une ligne à deux fils.

La figure 138 est une poire d'appel de sonnerie électrique sur laquelle on peut brancher le *citophone* représenté par la figure 139.

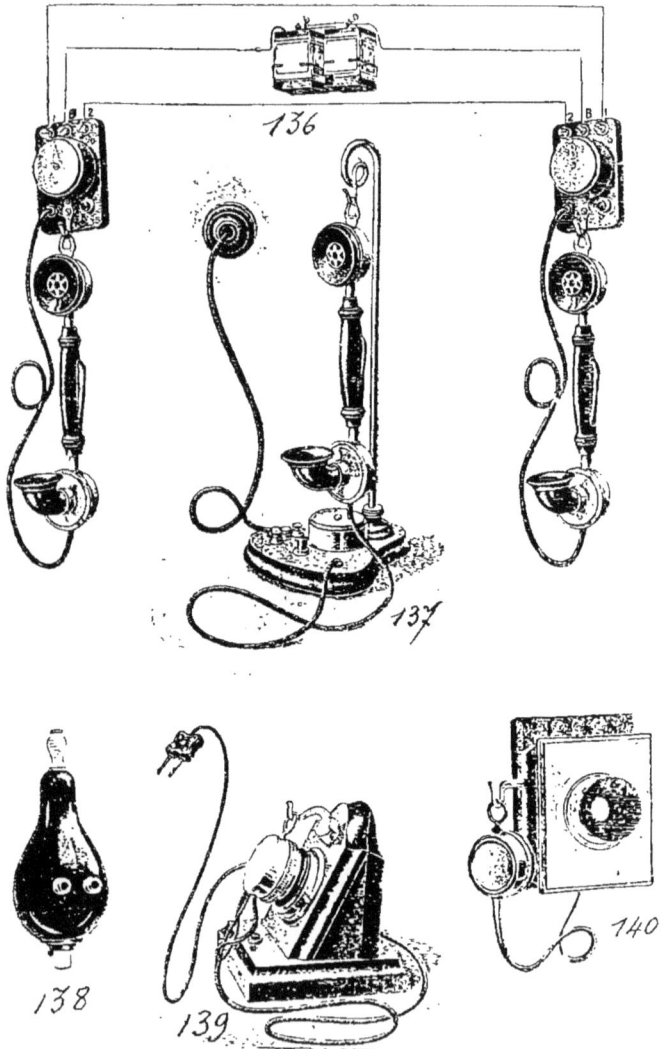

Fig. 136 à 140. — Postes microphoniques pour usages domestiques.

140 est un appareil *mural*.

Les figures 134 et 135 montrent le mode de montage des téléphones domestiques.

Les postes à bobine d'induction sont employés pour les longs circuits et, dans ce cas, les sonneries sont pourvues de relais qui mettent en service une batterie de piles spéciale à chaque sonnerie.

Pour les postes destinés à la communication dans l'intérieur d'un même immeuble ou d'immeubles voisins les uns des autres, on se sert de téléphones dits *microphoniques* sans bobine d'induction. Ces appareils portent seulement quatre bornes marquées :

C qui signifie Charbon de la pile.
S   —   Sonnerie.
L   —   Ligne.
CM   —   Charbon et microphone.

Pour les deux appareils :

Les deux bornes LL sont reliées par un fil de ligne, les deux zincs des piles extrêmes sont reliés par l'autre fil de ligne, les deux bornes S à chacune des sonneries, les deux bornes C au charbon des deux batteries de piles, les deux bornes libres des sonneries aux zincs des piles, enfin la borne CM d'un des appareils est reliée au *charbon* de la pile de cet appareil et la borne CM de l'autre appareil est reliée au *zinc* de la pile qui se trouve près de cet appareil.

Les schémas de montage des sonneries électriques et des téléphones varient à l'infini selon le nombre des postes à desservir, nous avons signalé ici les cas les plus usuels ; pour le surplus, nous prierons nos lecteurs de se reporter aux ouvrages de G. Bénard (1)

(1) La pose des sonneries électriques et des tableaux indicateurs. Paris, H. Desforges, 1901. *Prix*, 4 fr. 50.
L'essai, l'entretien, la réparation des sonneries électriques et des tableaux indicateurs. Paris, H. Desforges, 1901. *Prix*, 4 fr. 50.
La téléphonie domestique ; essai, pose et réparation des appareils. Paris, H. Desforges, 1902. *Prix*, 4 fr. 50.

qui sont les plus pratiques et les plus complets sur ces sujets.

Devis approximatifs d'installation de téléphones domestiques.

1º *Pour une distance de 25 mètres environ :*

2 postes téléphoniques à 12.50................... =	25	00
2 sonneries de 5 c/m à 2.50 .... —	5	00
2 éléments Leclanché nº 2 à 1.40............... =	2	80
1 boîte pour 2 éléments .... =	1	25
1 kilog. fil gutta et coton (110 mètres)......... =	4	50
50 isolateurs os .... =	0	50
	39	05

2º *Pour une distance de 100 mètres environ :*

2 postes téléphoniques à 18 fr. .... --	36	00
2 sonneries de 6 c/m à 3.50.................. =	7	00
6 éléments Leclanché à 1.40................... =	8	40
2 boîtes pour 3 éléments à 1.50 .... =	3	00
2 kilog. fil gutta et coton à 4.50............... =	9	00
100 isolateurs os .... —	0	75
1 feuille gutta .... =	0	25
	64	40

3º *Installation de 3 postes à induction communiquant entre eux :*

3 postes pupitres à 30 fr. .... =	90	00
3 sonneries à 3.50........................ =	10	50
9 éléments Leclanché à 1.40.................. =	12	60
3 boîtes pour 3 éléments à 1.50 .... =	4	50
3 commutateurs à fiche à 4 fr................. —	12	00
3 kilos fil (330 mètres) à 4.50................. =	13	50
200 isolateurs os à 0.75 .... =	1	50
2 feuilles gutta à 0.25.................... =	0	50
	144	10

4º *Pour une distance de 200 mètres environ avec ligne aérienne :*

2 postes à induction à 30 fr................. =	60	00
2 sonneries de 7 c/m à 4.50.................. =	9	00
10 éléments Leclanché à 1.70................. =	17	00
2 boîtes pour 5 éléments à 2.00 .... =	4	00
400 mètres bronze 11/10 à 4.25...............	17	00
Isolateurs porcelaine environ .... -	8	00
500 grammes fil pour intérieur .... =	2	25
10 mètres ruban caoutchouté.................	1	00
	118	25

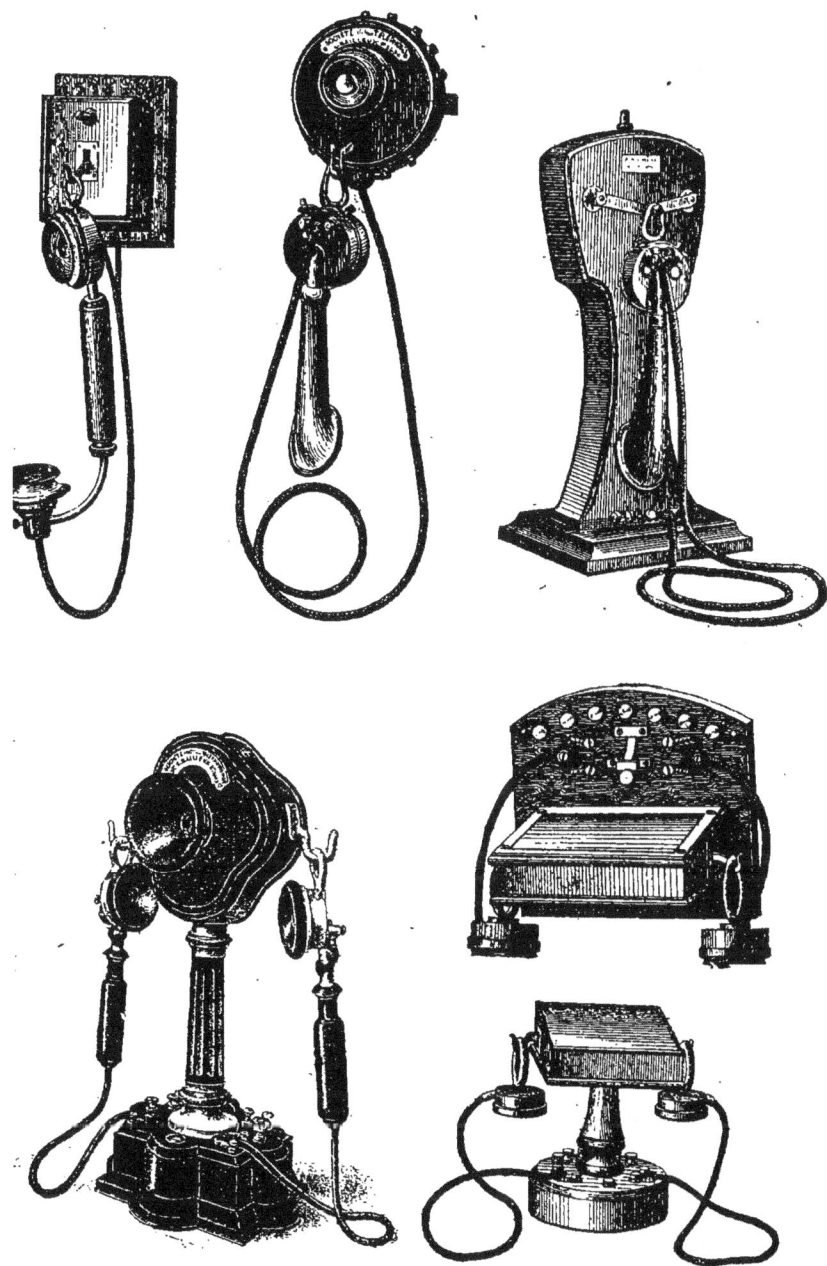

Fig. 141 à 146. — Appareils téléphoniques à induction
pour réseaux urbains et interurbains.

(Les mêmes appareils avec relais pour les sonneries peuvent
être utilisés pour une distance de 2 kilomètres.)
(Il faut ajouter à ces devis le temps d'ouvrier pour la pose.)

Notions générales sur le service public des Téléphones en France.

Renseignements relatifs aux postes téléphoniques (rue de Gre-
nelle, 103).
Abonnements téléphoniques, Téléph. 723.93. — 723.94.
Installations, transferts, etc., Téléph. 728.04.
Résiliations, cartes de cabine, Téléph. 717.37.
Liste des abonnés, Téléph. 728.06.

Le service téléphonique, de même que le service télégra-
phique, est un monopole de l'Etat.
L'exploitation téléphonique comprend :
1° *Les réseaux urbains* qui permettent l'échange de communications à l'intérieur d'une même localité ;
2° *Les circuits interurbains*, qui relient entre elles plusieurs
localités pourvues ou non de réseaux urbains.

Conditions générales d'établissement des lignes et des réseaux téléphoniques.

*Les lignes et les réseaux sont établis à l'aide d'avances rem-
boursables* (lois des 16 juillet 1889 et 20 mai 1890).

CONDITIONS GÉNÉRALES D'ABONNEMENT

Les divers postes téléphoniques dont la concession peut
être accordée dans chaque réseau local sont dénommés suivant
le cas, *postes principaux* ou *postes supplémentaires*. Les postes
principaux sont reliés par une ligne spéciale directement au
bureau central. Les postes supplémentaires sont rattachés à
un poste principal.
Les postes supplémentaires installés dans le même immeuble que le poste principal auquel ils sont rattachés peuvent
être affectés au service de l'abonné titulaire de ce poste principal ou à celui de personnes habitant cet immeuble.
Les postes supplémentaires installés dans un immeuble différent de celui dans lequel est placé le poste principal auquel
ils sont rattachés ne peuvent être affectés qu'au service exclusif de l'abonné titulaire de ce poste principal.
Dans les réseaux des villes dont la population est supérieure
à 80.000 habitants, les postes téléphoniques sont concédés
exclusivement sous le régime de l'abonnement forfaitaire.

Dans les autres réseaux, les postes téléphoniques sont concédés, au choix des abonnés, sous le régime de l'abonnement forfaitaire ou sous le régime de l'abonnement à conversations taxées.

Les facultés conférées par chacun des modes d'abonnement sont les suivantes :

L'abonnement forfaitaire local confère au titulaire la faculté de correspondre à partir de son poste d'abonnement, pendant les heures de l'ouverture simultanée des bureaux appelés à établir les communications :

1° Gratuitement, avec tous les postes d'abonnement du même réseau;

2° Moyennant le payement des taxes réglementaires, avec les postes publics du même réseau et avec tous les postes d'abonnés et les postes publics des autres réseaux admis à communiquer avec le réseau dont ce poste d'abonnement dépend.

Le titulaire d'un abonnement forfaitaire local a également la faculté d'utiliser son poste d'abonnement pour transmettre et recevoir des télégrammes téléphonés et des appels téléphoniques et pour transmettre des messages téléphonés (*moyennant le payement des taxes réglementaires*).

L'abonnement forfaitaire de groupe, qui est exclusivement concédé dans les réseaux qui sont constitués en groupe par décision du Sous-Secrétaire d'Etat, confère au titulaire la faculté de correspondre à partir de son poste d'abonnement, pendant les heures de l'ouverture simultanée des bureaux appelés à établir les communications :

1° Gratuitement, avec tous les postes d'abonnés des réseaux des localités qui font partie du même groupe ;

2° Moyennant le payement des taxes réglementaires, avec les postes publics des réseaux des localités qui font partie du groupe et avec tous les postes d'abonnés et les postes publics des autres localités admises à communiquer avec le réseau dont ce poste d'abonnement dépend.

Le titulaire d'un abonnement forfaitaire de groupe a, en outre, la faculté d'utiliser son poste d'abonnement pour transmettre et recevoir des télégrammes téléphonés et des appels téléphoniques et pour transmettre des messages téléphonés (*moyennant le payement des taxes réglementaires*).

L'abonnement à conversations taxées confère au titulaire la faculté d'utiliser son poste d'abonnement, pendant les heures de l'ouverture simultanée des bureaux appelés à établir les communications, pour : 1° correspondre, moyennant le payement des taxes réglementaires, avec tous les postes d'abonnés et les postes publics du réseau local et avec les postes des autres réseaux admis à communiquer avec ce réseau local ;

2° transmettre et recevoir des télégrammes téléphonés et des

appels téléphoniques et pour transmettre des messages téléphonés (*moyennant le payement des taxes réglementaires*).

*L'abonnement concédé pour l'échange exclusif de communica-
tions interurbaines* confère au titulaire la faculté d'utiliser son
poste d'abonnement, pendant les heures de l'ouverture simultanée des bureaux appelés à établir les communications, pour :
1º correspondre moyennant le payement des taxes réglementaires, avec tous les postes d'abonnés et les postes publics des
réseaux autres que le réseau local admis à communiquer avec
ce réseau local ; 2º transmettre et recevoir des télégrammes
téléphonés et des appels téléphoniques interurbains, et pour
transmettre des messages téléphonés interurbains (*moyennant
le payement des taxes réglementaires*).

Tout abonné qui veut transmettre, à partir de son poste d'a-
bonnement des communications comportant l'application
d'une taxe, doit constituer, au préalable, une provision destinée à en garantir le payement.

Le taux annuel des abonnements aux réseaux téléphoniques
est fixé, en principal, ainsi qu'il suit :

I. — *Abonnements principaux forfaitaires.*

1º A Paris, 400 francs par poste principal ;
2º A Lyon, 300 francs par poste principal ;
3º Dans les autres villes dont la population est supérieure à
25.000 habitants, 200 francs par poste principal ;
4º Dans les villes où la population est égale ou inférieure à
25.000 habitants, 150 francs par poste principal.

II. — *Abonnements principaux à conversations taxées.*

Dans tous les réseaux où ce régime d'abonnement est admis :
100 francs la première année par poste principal ;
80 francs la deuxième année par poste principal ;
60 francs la troisième année par poste principal ;
40 francs les années suivantes par poste principal .

III. — *Abonnements supplémentaires.*

1º A Paris, 50 francs pour les abonnés forfaitaires et pour
les abonnés interurbains ;
2º Dans tous les autres réseaux :
a) 40 francs pour les abonnés forfaitaires et pour les abonnés
interurbains
b) 30 francs pour les abonnés à conversations taxées.

Les lignes supplémentaires donnent, en outre, lieu dans tous les réseaux, à une redevance annuelle pour droit d'usage, de 1 fr. 50 par hectomètre indivisible de ligne.

Taux des contributions aux frais d'installation de lignes.

Le montant de la contribution demandée aux abonnés dans certains cas, pour l'établissement des lignes d'abonnement, est déterminé d'après les bases indiquées ci-après:

A. — *Lignes aériennes.* — 1º pour les lignes établies à double fil, 30 francs par hectomètre de ligne double posée ou utilisée ; 2º pour le doublement ultérieur des lignes primitivement à simple fil, 20 francs par hectomètre de fil simple posé ou utilisé ; 3º pour les lignes établies à 3 fils 75 francs par hectomètre de ligne triple posée ou utilisée.

B. — *Lignes souterraines en égout, galerie ou tranchée et lignes en câbles sous plomb.* — 1º pour les lignes établies à double fil, 60 francs par hectomètre de ligne double posée ou utilisée ; 2º pour le doublement ultérieur des lignes primitivement à simple fil, 30 francs par hectomètre de fil simple posé ou utilisé ; 3º pour les lignes établies à 3 fils 75 francs par hectomètre de ligne triple posée ou utilisée.

Dans le cas où l'établissement d'une ligne ou section de ligne présente des difficultés ou nécessite des dispositions spéciales et notamment si, pour des raisons de convenance personnelle, le titulaire désire qu'à partir de l'entrée de l'immeuble ou de la propriété où le poste doit être installé la ligne soit construite dans des conditions particulières, les dépenses qu'entraîne son établissement sont intégralement remboursées à l'Etat avec majoration de 10 p. 100 à titre de frais généraux.

Montant des redevances annuelles.

Le montant de la redevance due par les abonnés pour entretien des lignes d'abonnement est déterminé d'après les bases indiquées ci-après, sans que cette redevance puisse être inférieure à 1 franc par contrat et par an :

A. — *Lignes aériennes.* — 2 francs par hectomètre de ligne double ; 2 fr. 50 par hectomètre de ligne triple.

B. — *Lignes souterraines en égout, galerie ou tranché et lignes en câbles sous plomb.* — 4 francs par hectomètre de ligne double ; 5 francs par hectomètre de ligne triple.

C. — Toutefois, les lignes ou sections de lignes ayant présenté des difficultés lors de leur établissement ou nécessité des dispositions spéciales donnent lieu au remboursement intégral des dépenses d'entretien, majorées de 10 p. 100 à titre de frais généraux.

Les postes principaux d'abonnement à conversations taxées munis, à la demande des abonnés, d'appareils mobiles fournis gratuitement par l'administration, donnent lieu à une redevance annuelle d'entretien calculée à raison de 10 francs par poste.

Les organes accessoires entrant dans l'installation des postes donnent lieu à une redevance annuelle d'entretien calculée à raison de 5 p. 100 de la valeur de ces organes, sans que cette redevance puisse être inférieure à 1 franc par contrat et par an.

CARTES D'ADMISSION GRATUITE AUX POSTES TÉLÉPHONIQUES PUBLICS.

Il est délivré gratuitement, par chaque abonnement principal, aux abonnés forfaitaires annuels des réseaux téléphoniques qui en font la demande, une carte d'admission gratuite aux postes publics.

Ces cartes donnent aux titulaires le droit de correspondre gratuitement et exclusivement à partir des postes publics du réseau pour lequel elles sont délivrées, avec tous les abonnés de ce réseau.

Dérangements aux lignes téléphoniques. — Ces accidents sont identiques ceux des sonneries électriques et ils se recherchent et se réparent de la même manière. Si le dérangement provient de l'appareil téléphonique, il faut en ouvrir le corps en dévissant les vis qui maintiennent la plaque recouvrant le mécanisme intérieur ; s'assurer alors que les contacts et ruptures du levier commutateur se font bien ; voir s'il n'y a pas de fil cassé ou de court-circuit dans l'appareil ; enfin, vérifier si le courant y passe bien, car un fil intérieur à la bobine d'induction aurait pu se trouver brûlé par un coup de foudre sur une ligne extérieure ; vérifier les contacts aux bornes et vis qui serrent les fils.

Les bruits anormaux et la faiblesse de la voix proviennent toujours du mauvais état des piles ou de la ligne. Pour l'établissement des lignes électriques et la vérification de leur isolement, consulter l'*Electricité à la Campagne*, H. Desforges, 1910, 6 francs.

CHAPITRE X

AVERTISSEURS ET EXTINCTEURS D'INCENDIE

Indicateurs d'incendie. — Ces appareils sont basés sur la dilatation des corps par la chaleur.

Ils consistent en un ressort de matière et de construction spéciales au centre duquel se trouve un cadran divisé en degrés centigrades marqués de 10 en 10 jusqu'à 100.

Une aiguille permet de marquer le nombre de degrés que l'on désire voir signaler par l'appareil. A chaque bout du ressort se trouve une borne de connexion qui permet d'intercaler l'appareil dans un circuit de sonnerie. L'appareil placé dans une pièce, en mettant l'aiguille du cadran sur 30°, par exemple, on peut être assuré que, lorsque la température arrivera à s'élever dans la pièce à 30°, le ressort se dilatant mettra en fonction la sonnerie installée dans le circuit et préviendra ainsi par sa mise en marche de l'élévation subite de la température à l'endroit où est installé l'avertisseur.

On voit les services que peut rendre un appareil semblable dont l'emploi est tout indiqué dans les appartements, magasins, réserves, greniers, caves, ateliers, fabriques, salles de machines, pensions, hôtels, et spécialement à la campagne dans les greniers à foin où il préviendra de la fermentation.

L'avertisseur fonctionne également avec un tableau indicateur.

Dans un grand établissement, on peut donc être averti immédiatement de l'endroit où le feu vient de se déclarer, puisque l'avertisseur fonctionne comme un simple bouton de sonnerie sans arrêt.

L'avertisseur peut également rendre de grands services dans tous les endroits où l'on a besoin de connaître l'élévation brusque de la température.

Nous avons décrit cet appareil comme exemple des nombreux avertisseurs d'incendie, qui sont tous basés sur la dilatation des corps ; lorsque ces appareils sont construits avec une précision suffisante, une variation de température de quelques degrés suffit pour actionner les sonneries d'alarme.

Extinction des incendies. — Nous avons décrit, dans le volume XII de cette Encyclopédie, les *postes d'eau* et *postes d'incendie* qui sont reliés à une conduite d'eau sous pression ; l'eau peut provenir d'un réservoir en élévation ou d'un secteur public de distribution d'eau.

Toutes les fois que l'eau sous pression existe, ces postes d'incendie devraient être établis dans les fermes, les châteaux, les habitations isolées, les usines, etc. ; ils ne le sont généralement pas et on voit ce fait extraordinaire d'un propriétaire dépensant des centaines de mille francs pour édifier des bâtiments et négligeant de les pourvoir d'un service d'incendie bien compris qui ne coûterait que quelques billets de mille francs.

Si l'eau sous pression n'existe pas et que l'on ait la coupable négligence de ne pas se la procurer en établissant un moteur, une pompe et un réservoir d'eau en élévation, il faut au moins munir l'habitation de *grenades extinctrices* ou *d'extincteurs d'incendie*, dont nous décrivons ci-après quelques types.

Grenades extinctrices. — Ce sont des bouteilles en verre mince contenant un liquide susceptible de dégager, sous l'influence de la chaleur, une grande quantité de gaz impropres à la combustion. On projette ces grenades dans le brasier où elles se brisent.

L'ammoniaque liquide, la solution concentrée de bicarbonate de soude, l'acide sulfureux liquide et certaines solutions ou compositions tenues secrètes par les constructeurs de grenades réalisent ce but.

On pose les *grenades* sur des petits supports, de distance en distance dans les escaliers et corridors.

On emploie dans le même but de petits sacs en papier remplis de *poudres extinctrices* dont la base est généralement la *fleur de soufre* ou le *bicarbonate de soude*.

Voici quelques formules de poudres et liquides extincteurs d'après le journal *La Science pratique* :

Formule Gruneborg (poudre).

Chlorate de potasse.....................	20
Colophane.............................	10
Salpêtre	50
Soufre	50
Peroxyde de manganèse................	1

pulvérisés séparément, mélangés intimement.

Cette poudre doit être préparée avec précaution, car elle est susceptible d'exploser sous le choc.

8

Formule Zeicher (poudre).

Salpêtre...............................	60
Soufre	36
Charbon de bois	4
Chaux	4

Formule Bücher (poudre).

Salpêtre	16
Soufre	30
Charbon de bois	4

Ces poudres extinctrices se mettent dans des petits sacs en papier ou en toile, de la contenance de 100 grammes environ, que l'on place à divers endroits du local à protéger de façon à les avoir sous la main pour les lancer dans le foyer à son début.

Grenade extinctrice.

Eau...............................	30 lit.
Sel ammoniac	5 kgr.
Sel de cuisine	10 kgr.

A mettre dans des bouteilles minces.

Grenade Hayward

Chlorure de calcium	183
— de magnésium	57
— de sodium	13
Bromure de potassium	22
Chlorure de baryum	3
Eau	722
	1000

Formule de Munich (grenade).

Sel de cuisine	430
Alun de potasse	195
Sulfate de soude	50
Bicarbonate de soude	35
Silicate de soude	66
Eau.................................	224
	1000

Formule de Vienne (grenade).

Sulfate de fer	4
Sulfate d'ammoniaque	16
Eau	100

Autre formule de Vienne (grenade).

Alun	30
Sulfate d'ammoniaque	60
Sulfate de fer	5
Eau	100

Formule de Link (grenade).

Acide borique	20
Alun	30
Sulfate de fer	25
Eau chaude	20

Après dissolution, mélanger avec :

Hyposulfite de soude	30
Silicate de soude	50
Eau	800

Remuer pendant le mélange.

Extincteurs portatifs. — Ce sont des appareils en tôle remplis d'une solution concentrée de *bicarbonate de soude* ; un petit flacon d'acide sulfurique ou autre se trouve enfermé au milieu de la solution et, au moment de l'incendie, on brise ce flacon d'acide, au moyen d'un mécanisme plus ou moins ingénieux, et il sort de l'appareil de l'eau chargée d'acide carbonique dont l'efficacité est très grande contre le feu.

La figure 148 montre l'extincteur Dick qui se compose d'un cylindre au haut duquel se trouve une ouverture par laquelle on introduit l'eau et les substances chimiques. Cette ouverture se ferme hermétiquement au moyen d'un couvercle en bronze fileté

portant un support métallique ou petite chambre
destinée à porter un flacon en verre. Ce flacon contient l'acide sulfurique qui doit agir sur le bicarbonate de soude ou tout autre matière placée au fond

EXTINCTEUR DICK.

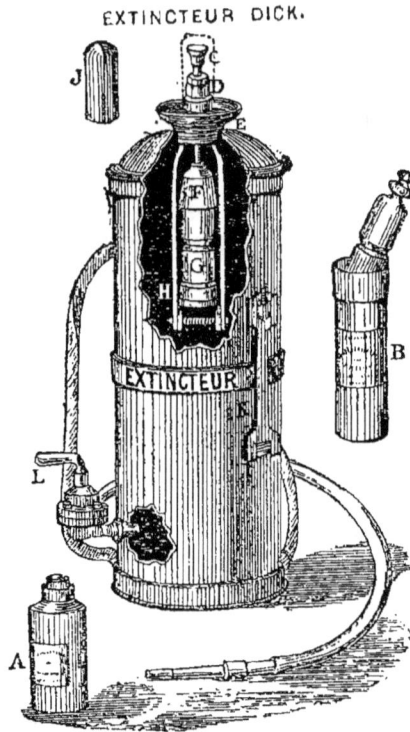

Fig. 118.

du cylindre. Ce flacon, mis en place, est surmonté
d'une petite tige métallique passant dans le goulot
de la bouteille et faisant piston ; sur la tête de ce
dernier, on frappe pour briser le flacon ; alors seulement, l'acide du flacon se mélangeant au contenu de
l'appareil, on obtient une production d'acide carbonique, qui, par sa pression, projette le liquide au dehors. Le liquide projeté est neutre et inoffensif, aussi

bien pour la personne qui manie l'appareil que pour les objets qu'il peut atteindre.

Il est facile de suivre sur la figure les différents dé-

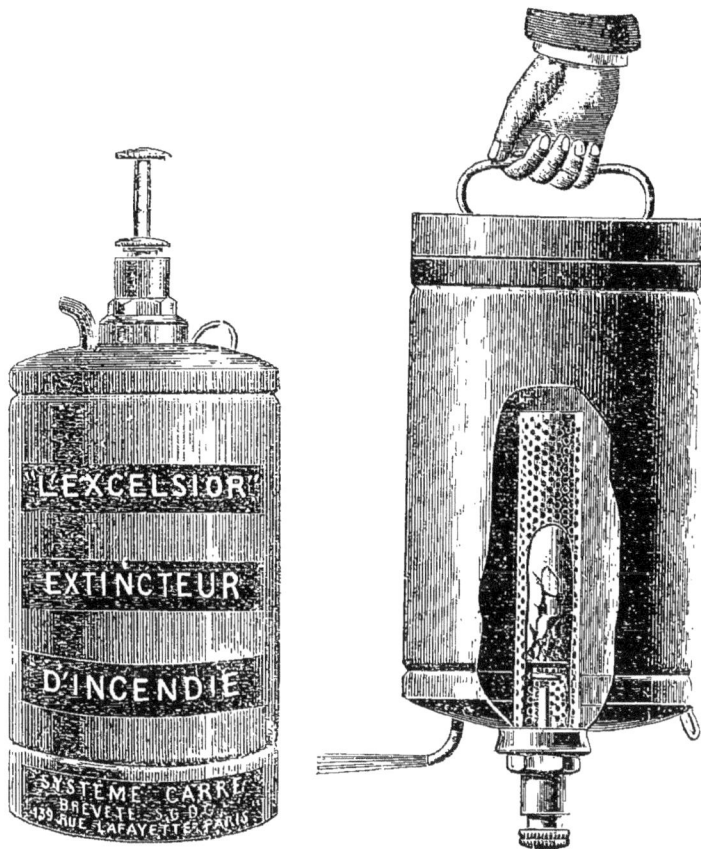

Fig. 149 et 150.
Extincteur à choc et renversement.

tails de l'appareil. Cet appareil coûte de 25 à 175 francs selon grandeur, le prix des charges varie de 2 fr. 50 à 7 francs.

Dans d'autres appareils, le bris de la fiole de verre est obtenu par *renversement* et par la chute d'un boulet en fonte.

Tous ces appareils se font *à main* ou *portatifs sur*

le dos avec des bretelles ou encore montés sur deux petites roues.

La figure 148 est un appareil avec tuyaux et lance à porter sur le dos avec deux bretelles ; les figures 149 et 150 montrent un type d'appareil à main sans lance dont on dirige directement le jet sur l'incendie.

Ces appareils, ainsi du reste que les grenades, sont efficaces *au début* d'un incendie et on doit les disposer dans l'habitation pour les avoir immédiatement sous la main, *chargés d'avance, prêts à servir.*

CHAPITRE XII

INSTALLATION DES PARATONNERRES

Les paratonnerres, imaginés par Franklin, sont
d'une grande et incontestable utilité à la campagne
où la foudre tombe de préférence sur les bâtiments
isolés formant une éminence sur le sol environnant.

Les paratonnerres ont pour effet de prévenir et
d'empêcher la chute de la foudre et, au cas où le ton-
nerre tombe, d'éviter les dégâts qu'il produit d'ordinaire.

Leur principe consiste dans l'emploi d'une ou plusieurs pointes métalliques dirigées vers les nuages
chargés d'électricité et en communication intime avec
la terre. Ces pointes agissent d'abord en déchargeant
les nuages du fluide électrique dont ils sont imprégnés et ensuite en écoulant dans le sol cette électricité dès qu'elle vient sur le paratonnerre. Pour réaliser ces deux actions sur les nuages, il suffit que le
paratonnerre soit pourvu d'une pointe fine en métal
bon conducteur et peu fusible et que cette pointe soit
reliée d'une façon parfaite avec le sous-sol humide et
par conséquent bon conducteur de l'électricité.

Nous verrons plus loin une autre théorie plus moderne de l'action du paratonnerre.

Zone de protection d'un paratonnerre. — Il y a deux règles suivies par les constructeurs : la plus ancienne est celle de Gay-Lussac ; elle consiste à dire qu'une tige de paratonnerre protège un cône dont le rayon de base est égal à la hauteur même du cône ; mais l'instruction de la Commission chargée d'étudier l'établissement des paratonnerres des édifices municipaux de Paris (20 mai 1875) donne une autre règle qui consiste à prendre le rayon du cône égal à sa hauteur, multipliée par 1,75.

D'après cela, on suivrait les proportions suivantes :

Pour une hauteur de 1 mètre, le rayon de base serait de 1 m. 75 ;

Pour 5 mètres, 8 m. 75 ;

Pour 10 mètres, 17 m. 50.

Ces deux règles ne résument pas tout ce qu'il est nécessaire de connaître pour déterminer la hauteur d'un paratonnerre, il faut encore, dans l'application, avoir égard à diverses circonstances que la pratique a consacrées.

Ainsi, le cône préservateur s'étend au-delà de sa base sur la toiture et se prolonge jusqu'au sol ; il protège par conséquent tout ce qui peut être compris sous ce cône prolongé. Il faut aussi faire intervenir l'altitude du point où le paratonnerre est établi, par la raison que son action protectrice augmente avec l'élévation du point que l'on veut protéger, c'est-à-dire que le paratonnerre est d'autant plus préservateur qu'il est plus rapproché des nuages.

Pratiquement, on ne dépasse guère 10 mètres pour la hauteur d'un paratonnerre qui protège ainsi autour de lui un cône ayant au moins 10 mètres de rayon ;

mais pour des étendues plus grandes, il vaut mieux placer plusieurs paratonnerres en leur donnant une hauteur moindre. Il y a, en effet, une très grande difficulté pour les rendre solidaires avec les charpentes, et pour des hauteurs un peu grandes, les oscillations de ces tiges sont une cause de destruction des charpentes.

Ainsi, l'idée de protéger une très grande étendue par un seul paratonnerre rencontrerait des difficultés d'exécution et ne donnerait aucune économie.

Construction d'un paratonnerre. — Le paratonnerre se fait en fer forgé de section carrée, circulaire et même polygonale, en s'amincissant de la base au sommet.

Il faut, autant que possible, le choisir galvanisé, mais il ne faut pas l'enduire de peinture qui conduit mal l'électricité et diminue son efficacité.

Ordinairement, les pointes se font en platine, mais la Commission admet que de simples flèches en cuivre de 0 m. 50 de longueur réunies solidement à la tige de fer sont suffisantes.

La condition la plus importante à réaliser dans l'installation d'un paratonnerre est la liaison continue et très intime de la tige avec le conducteur jusqu'au point où le fluide trouve un écoulement libre pour se réunir à la terre, le réservoir commun.

Pour réunir le paratonnerre aux diverses parties de la construction, on fait usage d'un circuit nommé *circuit des faîtes* ou conducteur métallique qui règne sans interruption sur les faîtages de toutes les parties des édifices qu'il s'agit de protéger. Il est relié métalliquement à toutes les tiges de paratonnerres et au conducteur, et, par suite, à la nappe d'eau qui facilite l'écoulement de l'électricité (fig. 151).

D'après les instructions de la Commission, le circuit

des faites doit être formé de barres de fer carrées de 2 centimètres de côté, ayant 4 ou 5 mètres de longueur ; ces barres doivent être jointes l'une à l'autre

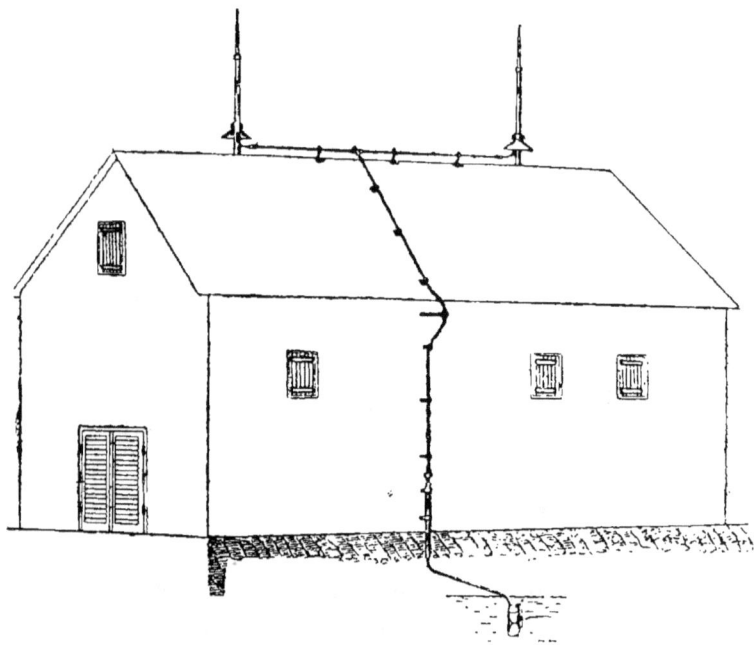

Fig. 151.

par superposition aux extrémités *avec des boulons et une soudure à l'étain.*

Diverses dispositions des tiges de paratonnerres. — Un paratonnerre est formé de trois parties : 1° une tige de fer forgé circulaire ou polygonale solidement fixée à la charpente de l'édifice. Cette tige présente à sa base trois, quatre et même cinq centimètres de diamètre, suivant la hauteur du paratonnerre, et va en s'amincissant vers le sommet (fig. 152 à 154) ; 2° une flèche en cuivre de 0 m. 30 à 0 m. 50 de hauteur s'ajustant, se soudant ou se vissant sur la tige de fer décrite ci-dessus ; 3° enfin une pointe de platine de 0 m. 05 de

gueur, ajustée à la partie supérieure de la flèche,
mine la tige du paratonnerre.

Suivant d'autres constructeurs, une tige de pa-
onnerre peut se réduire à une flèche de fer sur-
ntée d'une autre flèche de cuivre terminée en

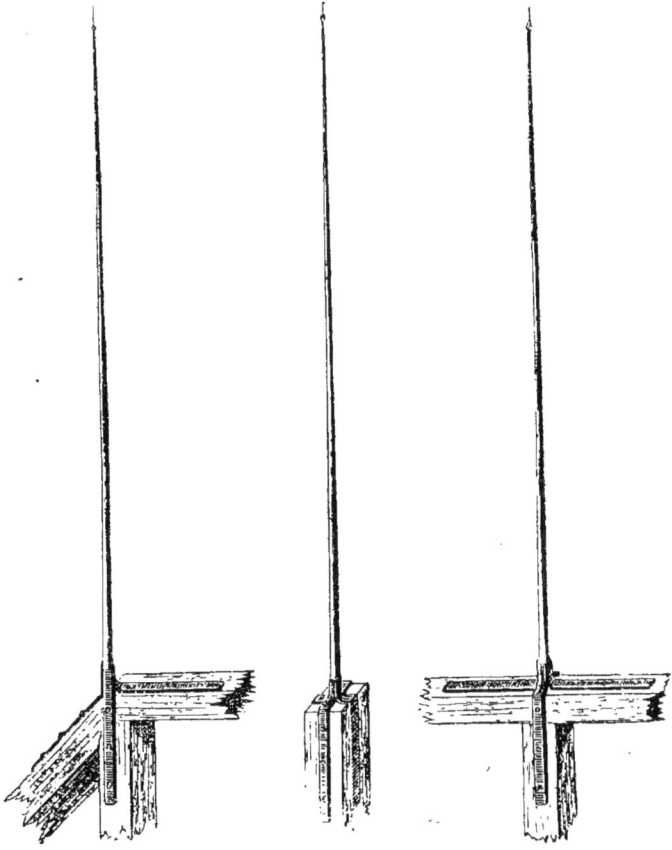

Fig. 152 à 154.

inte. Il est dit, en effet, dans le rapport de la Com-
ssion, que les pointes en platine sont inutiles, et
e l'on peut terminer un paratonnerre par une flèche
cuivre rouge d'environ 0 m. 50 de hauteur dont
ngle au sommet est de 30°.

Cette disposition est plus économique. D'autres constructeurs préconisent des pointes multiples dont la figure 154 *bis* montre des spécimens.

Les figures 155 à 158 donnent les détails d'assem-

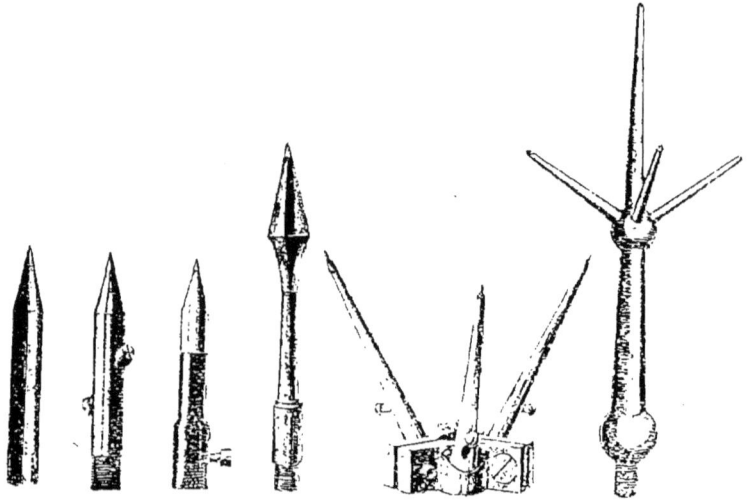

Fig. 154 bis.

blage de la pointe de platine avec la flèche en cuivre, ainsi que de la barre du paratonnerre avec sa base (d'après M. Jarriant) ; la pointe de platine est vissée à la flèche de cuivre, en outre elle est souvent chevillée. La pointe de platine peut être aussi réunie à la flèche de cuivre par une soudure d'argent, et l'on enveloppe le tout avec un manchon de laiton ou formé de soudure d'étain.

La flèche de cuivre réunie ainsi à la pointe de platine forme une pièce qui est réunie sur place, seulement, à la tige de fer. Cette jonction se fait soit par un fort écrou en cuivre présentant deux parties taraudées, soit par un goujon de laiton à vis de 0 m. 06 de longueur et 0 m. 01 de diamètre. Ce goujon est noyé dans les deux tiges placées bout à bout ; il est de plus retenu

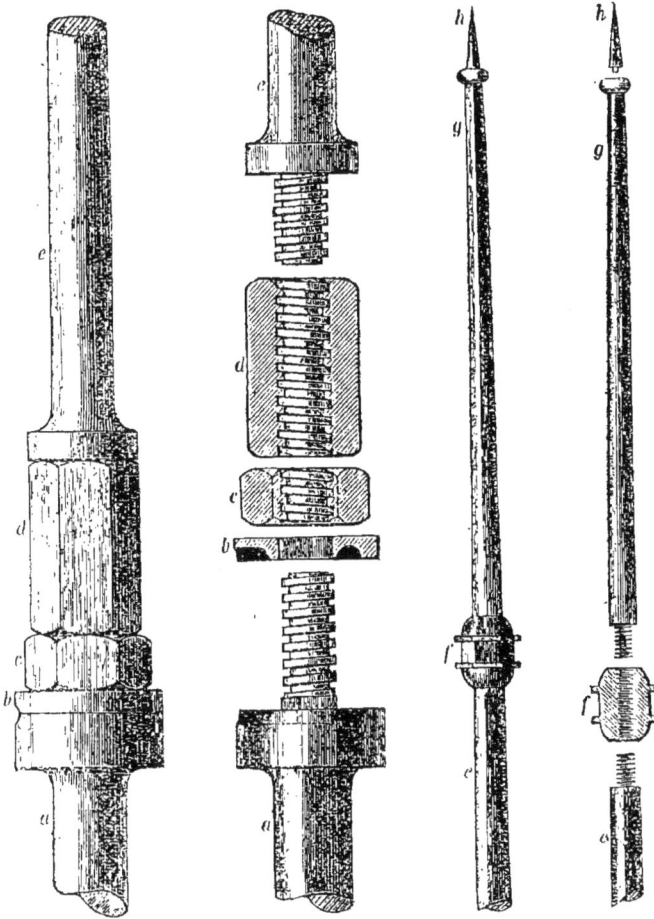

Fig. 155 à 158.

ɑ. Assise en fer forgé, avec gorge annulaire pour le câble, munie au-dessus d'un tenon fileté de 0^m14^c de longueur et au-dessous d'une soie sur laquelle les pattes viennent s'encoller.

b. Collerette mobile avec gorge annulaire, prise dans la masse et galvanisée.

c. Écrou simple à 6 pans, galvanisé extérieurement.

d. Manchon double écrou, à 6 pans, ayant 0^m16 de hauteur, fileté intérieurement et galvanisé à l'extérieur.

e. Tige en fer forgé, étiré, étampé, ayant une hauteur de 6 mètres, munie à la partie inférieure d'une assise tournée, terminée par un tenon fileté, et galvanisée.

f. Manchon de raccord en cuivre, formant double écrou façonné à 6 pans, pour effectuer le serrage.

g. Pointe de platine ayant la forme d'un cône de 0^m045 de hauteur sur 0^m018 à la base, avec écrou en cuivre rouge pur et tige conique (g) en cuivre rouge pur, filetée aux deux extrémités.

dans chacune par une goupille transversale. Ces jonctions sont ensuite soudées à l'étain.

Divers modes d'attaches d'un paratonnerre avec le comble. — Il est de la plus grande importance de fixer très solidement à la charpente la tige du paratonnerre. Les figures 152 à 154 donnent les dispositions les plus usitées, que l'on peut modifier suivant les charpentes. Ainsi qu'on le voit, les attaches du paratonnerre se prolongent sur la charpente même, dans divers sens, suivant le poinçon et le faîtage. La tige pourrait être aussi scellée contre un mur.

Si le paratonnerre est orné d'une girouette, il faut redoubler d'attention dans les attaches avec la charpente, car, dans ce cas, les vibrations sont assez grandes pour déterminer à la longue la rupture de ces attaches. Lorsque la charpente est métallique, sa liaison avec le paratonnerre nécessite une construction spéciale comme le montre la figure 159.

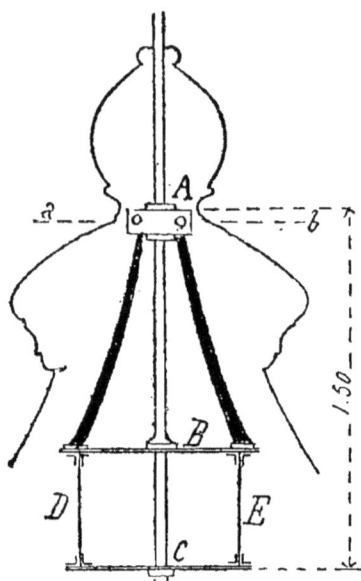

Coupe a b

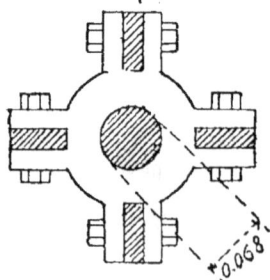

Fig. 159.

Manchon métallique servant à réunir plusieurs con-

ducteurs. — Les figures 160 à 163 montrent les manchons en fer, employées pour deux câbles, ou trois câbles arrivant en un même point. La condition importante à remplir dans la bonne installation de ces

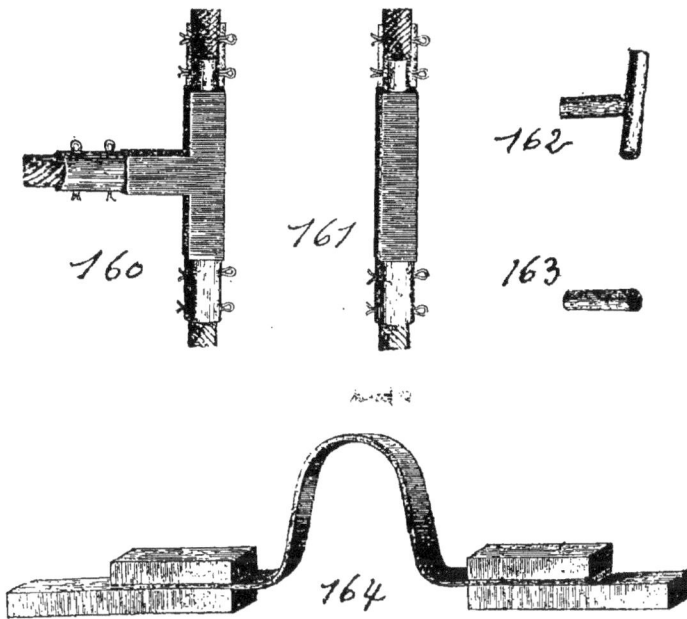

Fig. 160 à 164.

manchons est de les recouvrir d'une bonne soudure à l'étain, qui a pour objet d'assurer une continuité parfaite entre les divers conducteurs.

Compensateur. — La figure 164 donne la disposition d'un compensateur pour remédier à la dilatation ou à la contraction des conducteurs-câbles. Cet auxiliaire est indispensable pour des câbles en ligne droite de grande longueur. Il se compose d'une bande de cuivre rouge de 2 centimètres de largeur, 5 millimètres d'épaisseur et 70 centimètres de longueur environ, dont les extrémités sont réunies aux deux conduc-

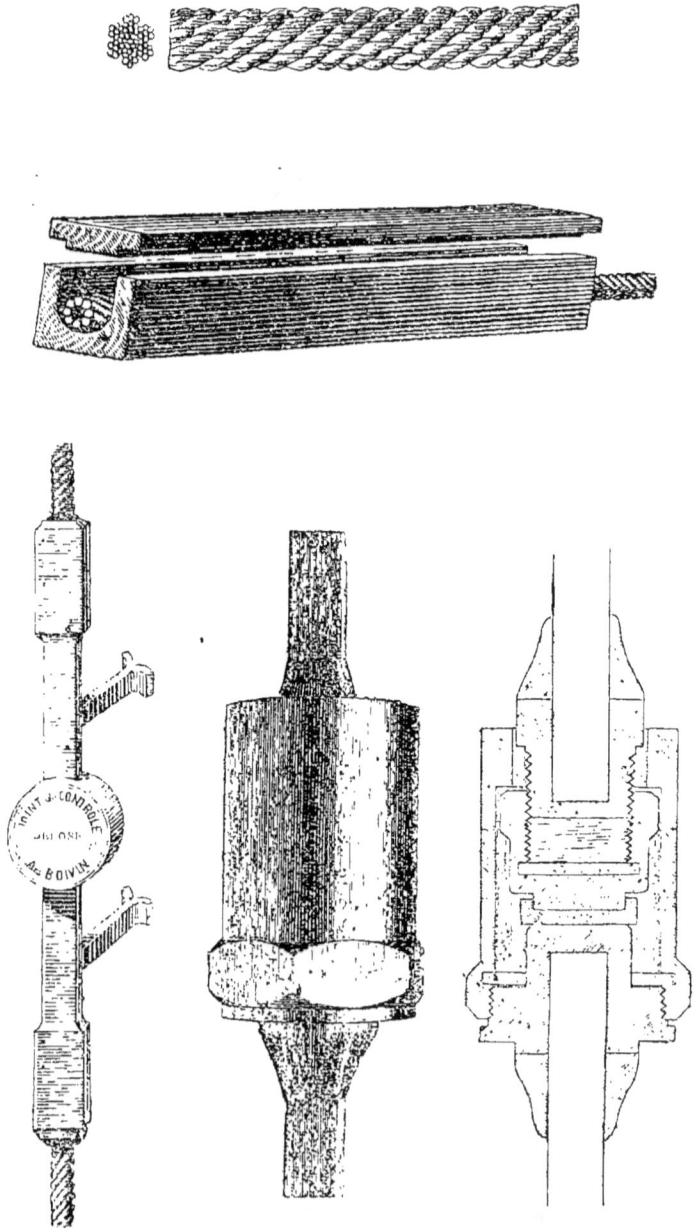

Fig. 165 à 169.

teurs A, B au moyen de boulons et d'une forte soudure. Cette bande de cuivre n'oppose qu'une faible
résistance à la dilatation et à la contraction.   La figure 165 montre le câble métallique en cuivre rouge
ou en fils de fer galvanisés pour relier le paratonnerre
à la terre. Ces câbles coûtent de 1 fr. 40 à 2 fr. 65 en
fer galvanisé et de 5 à 14 francs, en cuivre, selon gros-
seur. La figure 166 montre un câble dans un caniveau

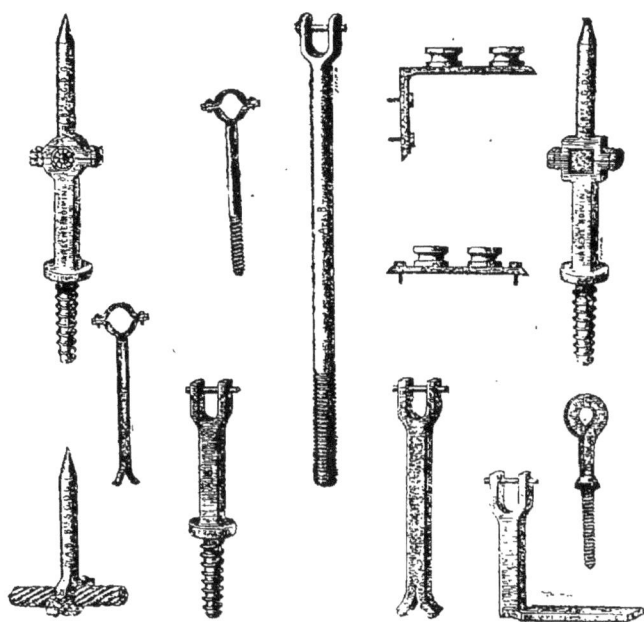

Fig. 170 à 176.

en bois sulfaté pour protéger le câble. La figure 167
montre le joint mobile de M. Boivin et les figures 168
à 169 le joint mobile de M. Jarriant. Ces joints permettent de diviser le câble pour les vérifications de
conductibilité et de mise à la terre.

Enfin, les figures 170 à 176 montrent les *supports*
des câbles du paratonnerre. On remarque que cer-

9

tains de ces supports sont pourvus de pointes qui forment autant de petits paratonnerres disséminés tout autour du bâtiment, ainsi qu'on le voit sur la figure 177 qui représente une installation de paratonnerre par M. Boivin.

Perd-fluide et mise à la terre du câble. — La mise à la

Fig. 177.

terre du conducteur exige de grands soins. Dans les instructions de la Commission il est dit : « *A l'extrémité du conducteur doit être fixée une masse métallique, plaque ou cylindre creux à surface aussi large que possible. Cette masse métallique doit plonger d'au moins 1 mètre, même par les plus grandes sécheresses, dans la nappe*

d'eau souterraine. Si l'on n'a pas de puits à sa disposi-
tion, il faudra atteindre la nappe d'eau au moyen d'un
trou de sonde avec tubage métallique. Lorsqu'on aura

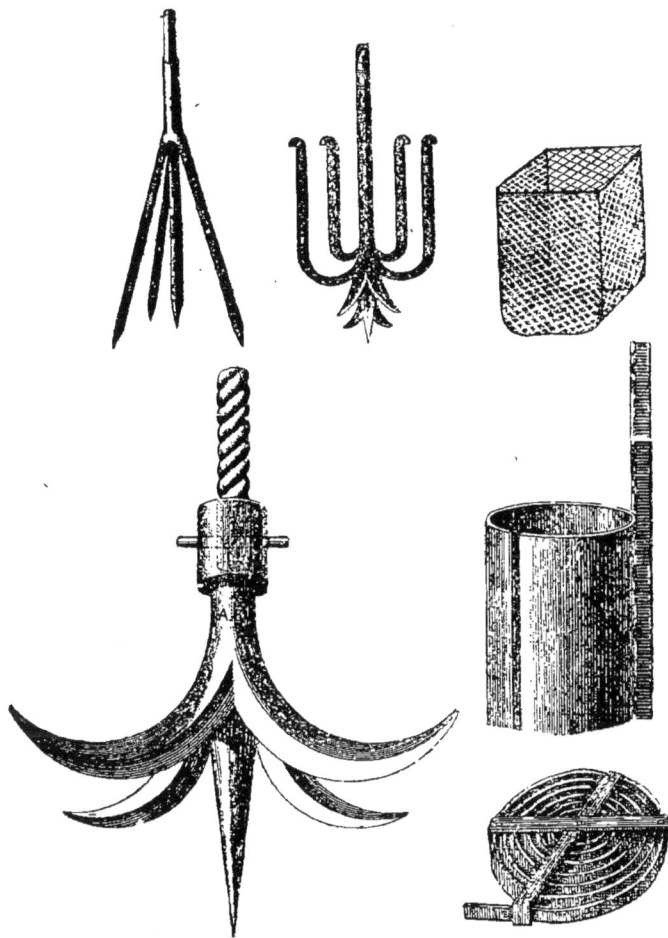

Fig. 178 à 182.

à proximité une conduite-maîtresse *des eaux de la*
ville (ceci s'entend pour une ville), *on pourra faire*
aboutir le conducteur à cette conduite, mais en ayant soin
de faire un joint avec bride boulonnée à écrasement de
plomb, le tout recouvert d'une forte couche de soudure
après un décapage énergique. »

Les mêmes instructions recommandent d'établir des regards qui permettent de retirer et nettoyer les pièces souterraines, afin de les débarrasser de l'oxyde qui peut les recouvrir. A ces prescriptions on peut aussi ajouter qu'en aucun cas le conducteur ne doit être mis immédiatement en contact avec le sol, dont l'humidité le rongerait peu à peu. Souvent on le fait traverser un auget construit en briques, placé à 0 m. 50 au-dessous du sol, que l'on remplit d'un mélange de coke et de braise de boulanger. Le conducteur ainsi protégé pénètre dans le puits, y descend et se termine par un perd-fluide galvanisé, auquel on donne diverses formes, soit celle de tige à racines, soit à griffes ou grappin, ou d'une grille présentant des pointes ou enfin d'une spirale en cuivre plat (fig. 178 à 182).

Liaison des parties métalliques d'un édifice avec le conducteur du paratonnerre. — Toutes les pièces métalliques de masse un peu considérable, entrant dans la construction des édifices, seront reliées métalliquement aux systèmes de paratonnerres.

Pour les édifices, les plombs des chéneaux sont ajustés avec tant de soin, qu'il est permis de les admettre comme ne faisant qu'un tout continu : dans ce cas, il suffira d'établir de loin en loin quelques bonnes communications entre les chéneaux et le circuit des faîtes. (Instructions de la Commission.)

On peut résumer ainsi la règle pratique à suivre : toutes les parties métalliques d'un comble, ossature en fer ou fonte, et les chéneaux doivent être mises en communication avec le conducteur, tandis que les solives d'un plancher, les rampes d'escaliers, les balcons d'appui, les colonnes ou piliers métalliques et *toutes les parties situées à proximité des personnes doivent être absolument isolés du conducteur.* Pour les constructions qui ont des pans de fer depuis la toiture jusqu'au sol, il est nécessaire de les isoler du reste de la construction par des enduits ou des doublures en matières non conductrices de l'électricité, et de disposer à la partie inférieure du bâtiment d'une mise à terre qui assure l'écoulement facile du fluide électrique. En résumé, il faut qu'en aucune région du bâtiment, l'électricité ne puisse s'accumuler. Si le paratonnerre établit une communication entre les nuages et le puits, et suivant les limites du rayon de protection indiquées par la pratique, il n'y a point à redouter qu'une décharge électrique se fasse en aucun point intermédiaire. Mais si le paratonnerre ou son conducteur, ou le perd-fluide qui le termine, présentent quelque interruption, le système constitue *un appareil dangereux* qui offre une résistance croissante au passage de l'électricité ; il devient une machine électrique dont la tension va en augmentant, et qui ne peut manquer de donner lieu à de graves accidents, dont le moindre est la fusion du conducteur.

Application des paratonnerres aux cheminées d'usines. — Nos gravures 183 à 187 montrent la manière d'équiper les paratonnerres de cheminées d'usines (d'après M. Boivin).

Dépenses pour installer un paratonnerre. — I' est impossible de donner des chiffres précis quant à la dépense d'installation d'un paratonnerre, à cause des données si variables que présentent les constructions. Nous ne pouvons que résumer ce que nous appellerons les grosses dépenses ou les dépenses communes à tous les paratonnerres, en négligeant des détails pour lesquels nous compterons une plus-value. Pour un seul

MODÈLES DIVERS
de
PARATONNERRES
pour Cheminées d'Usines

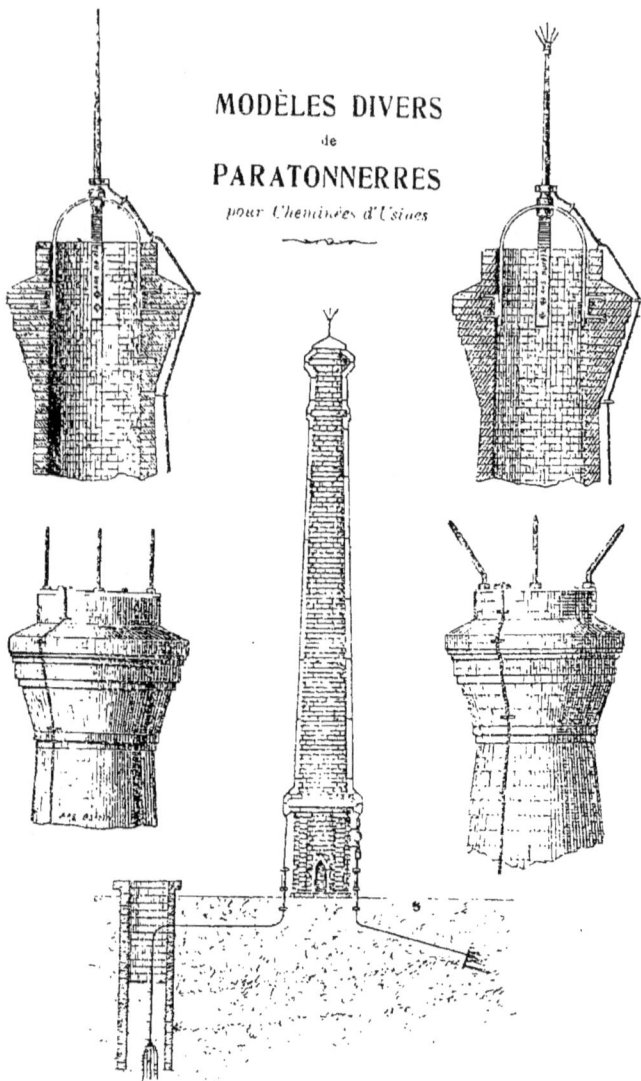

Fig. 183 à 187.

paratonnerre et un conducteur de 30 mètres on peut compter ainsi :

Tige de paratonnerre de 6 mè- tres de hauteur	200	200 fr.
Flèche en bronze de 0 m. 50 sur- montée d'une olive en platine	35 à	50
Collier en fer galvanisé ou prise de courant	12	
Câble en cuivre rouge de 12 à 20 millimètres de diamètre (30 mètres de long) : 4 à 8 fr.	120 à	240
Perd fluide à branches	15	
d° à grappin	»	35
Supports........	60 à	100
Total	442 à	625 fr.

Il faut ajouter la pose et l'installation du puits, qui peut être, suivant les cas, une dépense plus grande que la précédente. En résumé au minimum, on peut compter 1.000 francs pour un seul paratonnerre. Pour un édifice exigeant plusieurs paratonnerres, il y a des dépenses communes relatives au conducteur descendant et au puits ; mais alors le circuit des faîtes qui relie tous les paratonnerres peut donner lieu à une dépense assez importante. Enfin, si l'on veut s'assurer une sécurité complète, il est indispensable de faire usage d'un *vérificateur électrique* servant à mesurer le bon fonctionnement du paratonnerre, dont le coût peut s'élever à 100 francs.

Paratonnerres à tiges creuses. — Les paratonnerres à tiges creuses présentent certains avantages à cause de leur poids qui est moindre que celui des paratonnerres ordinaires, et de leur facilité de montage et d'expédition.

Les tubes, de 1 mètre de longueur environ, sont en cuivre étiré ; ils portent à leur extrémité la plus étroite un manchon de raccord également en cuivre, dont le bout libre est destiné à pénétrer dans le tube supérieur et à maintenir celui-ci. On voit donc que tous les tubes composant la tige d'un paratonnerre s'emboîtent les uns au bout des autres, par le manchonnage en question.

Comme le montre la figure 188, le premier tube s'ajuste à frottement doux sur une tige fixée à un empattement en fer vissé sur la charpente. Les autres tubes sont ensuite montés sur les manchons.

La pointe du paratonnerre, qui est en même temps l'extrémité du dernier tube, est formée par un cylindre massif de cuivre rouge de 0 m. 02 de diamètre et de 0 m. 20 de longueur, terminé en cône.

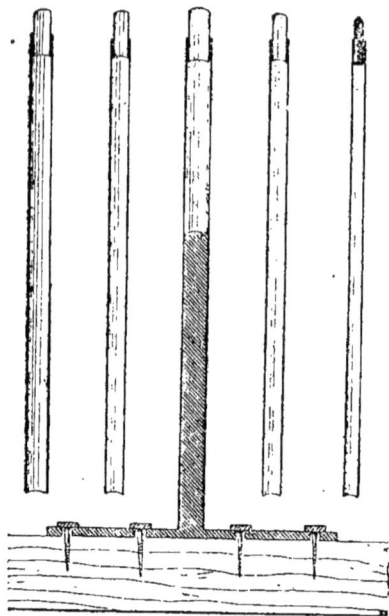

Fig. 188.

Une tige toute montée, de 6 mètres de hauteur, pèse environ 8 kilogrammes et coûte de 150 à 160 francs. Il n'y aurait donc pas nécessité, dans la plupart des cas, de renforcer en aucune façon la charpente d'une maison ou d'un édifice quelconque. De plus, le tout est assez facilement démontable.

Au point de vue de l'écoulement du fluide électrique, l'inventeur, M. Grenet, pense que son paratonnerre se trouve être dans des conditions meilleures que les paratonnerres faits d'une seule tige en fer plein, parce que le fluide aurait à la fois, comme véhicule, la surface externe et la surface interne des tubes ;

l'écoulement serait ainsi favorisé par l'augmentation de la surface et aussi par la conductibilité du cuivre, supérieure à celle du fer. Enfin, le cuivre étamé présenterait de plus grandes chances de durée que le fer galvanisé.

Paratonnerres à petites pointes. — Ces paratonnerres imaginés par M. Grenet, sont préconisés par M. Mildé à Paris qui s'exprime ainsi :

Ce système supprime les grandes tiges, peut se placer sur les toitures, même les plus légères, a l'avantage de ne pas provoquer la foudre, d'être toujours en état de la laisser passer sans danger, en lui assurant un échappement certain et, par une disposition spéciale des conducteurs en *forme de ruban*, qui sont en cuivre rouge, il dispose le bâtiment, en participant à leur conductibilité, à être, dans son ensemble, un immense paratonnerre superficiel et à former une *véritable cage* protégeant tout ce qu'elle renferme.

Le principe du paratonnerre Grenet-Mildé dit *Paratonnerre pour tous* repose sur les instructions données par l'Académie des Sciences pour la protection des poudrières :

« Lorsqu'il s'agit de la construction de paratonnerres pour les magasins à poudre et les poudrières, on doit redoubler d'attention pour éviter la plus légère solution de continuité et ne rien épargner pour établir, avec le sol, la communication la plus intime. A cet effet, il est bon d'armer le bâtiment d'un double conducteur, sans tige de paratonnerre, qu'on devra faire en cuivre rouge.

« Ce conducteur, n'étendant pas son influence au-delà du bâtiment, ne pourra attirer la foudre de loin, et il aura cependant l'avantage de garantir le bâtiment de ses atteintes, s'il était frappé ; de sorte que ceux-là mêmes qui rejettent les paratonnerres, parce qu'ils croient que ceux-ci provoquent la foudre sur un bâtiment qu'elle eût épargné sans eux, ne pourraient plus faire aucune objection fondée contre leur action au moyen de la disposition qui vient d'être

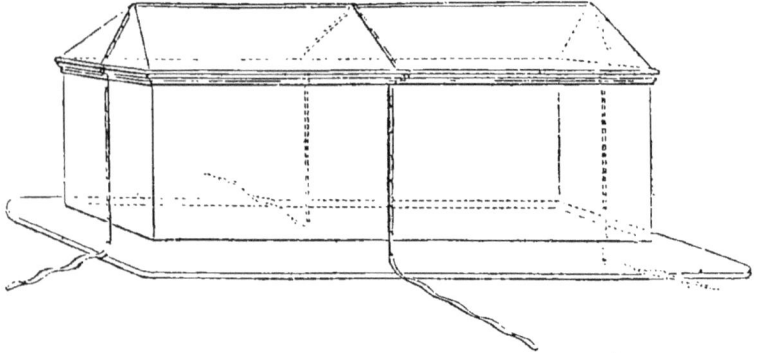

Fig. 189.

indiquée. On pourrait armer d'une manière semblable un magasin ordinaire ou tout autre bâtiment. »

La figure 189 montre ce dispositif. M. Mildé assimile le bâtiment ainsi entouré à une véritable *cage de Faraday* (1). Il emploie des conducteurs formés de *lames de cuivre rouge* de 3 centimètres de largeur sur 1 à 2 millimètres d'épaisseur, ces dernières, dit-il, représentant la même conductibilité qu'une barre de fer carrée de 0 m. 02 de côté, ou d'un câble en fil de fer de 0 m. 05 de diamètre; elles coûtent 1 fr. 25 et 2 fr. 50 le mètre.

Dans l'installation des rubans protecteurs, toutes

_____

(1) Expérience faite en novembre 1837, par le célèbre physicien Faraday qui s'exposa dans une enceinte entourée d'un réseau métallique, à l'action de décharges électriques foudroyantes. Faraday, en sortant, déclara n'avoir éprouvé aucune sensation et les appareils d'expérimentation qui étaient enfermés avec lui ne décelèrent aucune trace d'électricité.

les parties métalliques de la construction sont utili-
sées et intéressées à l'écoulement du fluide électrique,
et les rubans en cuivre rouge ne sont dans leur ensem-

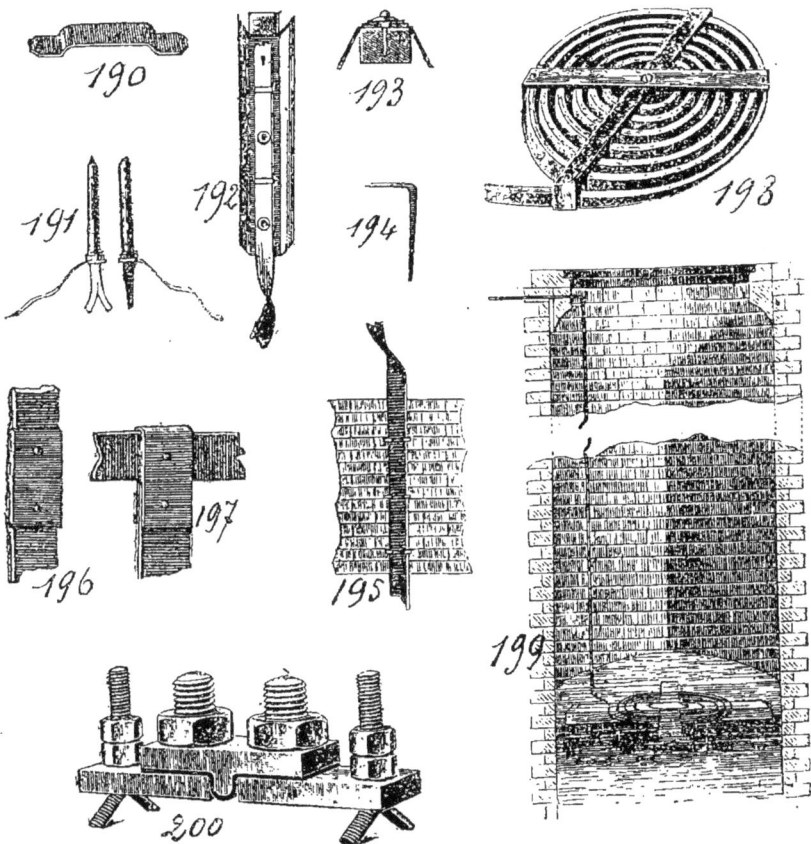

Fig. 190 à 200.

ble, comme le dit l'inventeur, qu'un drainage de la
foudre.

Si le faîtage est métallique, le ruban conducteur est
maintenu de distance en distance par des brides en cuivre
soudées fortement (fig. 190), ou bien on le fixe par des
calottins, placés de distance en distance, à la manière
des couvre-joints de toiture en zinc (fig. 192 et 193).

Les rubans sont réunis entre eux par des rivetages et des soudures, comme on le voit figures 196 et 197.

Quand un ou plusieurs pavillons, dômes, campaniles, cheminées se présentent sur le cours d'un même faîtage, le ruban conducteur s'élève pour gagner le sommet des parties élevées et descend ensuite de l'autre côté pour reprendre sa route vers le sol. Le circuit des faîtes ainsi établi, devra être en communication très intime, relié et soudé avec tous les chéneaux et toutes les surfaces métalliques des couvertures. Enfin ce circuit sera mis en communication directe avec le ruban conducteur descendant en terre ou au puits extincteur.

Enfin, pour augmenter l'écoulement du fluide électrique, on peut fixer au moyen de rivures, d'écrous, de pattes à scellement ou à vis, ou de fortes soudures à l'étain *sur le parcours du circuit des faîtes* et *seulement sur les points culminants*, les cheminées par exemple, des pointes infusibles en cuivre rouge de 25 à 50 centimètres de hauteur (fig. 191). Suivant M. Grenet, ces adjonctions ne sont point indispensables, mais elles augmentent la sécurité. Tous les rubans descendants doivent être reliés entre eux et aux murs par des crochets galvanisés (fig. 194 et 195), et cela afin que les murs humides soient utilisés comme appoint dans la conductibilité du système. Arrivé à la partie inférieure du bâtiment, le ruban se prolonge sur une longueur d'environ 15 mètres (en spirale) sur un croisillon en chêne (fig. 198) de 8 centimètres de hauteur que l'on descend dans la nappe d'eau. Il suffit à la rigueur que cette nappe d'eau *intarissable* ait 15 centimètres de profondeur (fig. 199). Pour procéder aux vérifications de conductibilité, on fait usage d'un joint mobile représenté figure 200.

TABLE DES MATIÈRES

Orléans, Imp. H. Tessier

www.ingramcontent.com/pod-product-compliance
Lightning Source LLC
Chambersburg PA
CBHW071857200326
41519CB00016B/4432